微分変換で読み解く紫外可視吸収スペクトル
―光反応性材料の新しい挙動解析法―

Analysis of UV-Vis Absorption Spectra by Differentiation —
A Novel Approach to Elucidate Photochemical
Behavior of Photo-reactive Materials

市村國宏 著

シーエムシー出版

刊行にあたって

　紫外可視分光光度計はもっとも手近な分光分析装置の一つである．しかし，他の分析法を補強する脇役的位置づけにとどまることが少なくない．帰属可能な吸収帯が限定されるうえ，定量分析用サンプルには高度な透明性が必要なためである．一方，1979 年に G. Talsky らによって紫外可視微分スペクトルの有用性が報告され，市販の分光光度計には微分変換ならびにスムージング機能が具備されているにもかかわらず，微分スペクトルならではの特色が活かされていない．実際に，Talsky による著書以外に紫外可視微分スペクトルについての解説書は見当たらない．

　本書は，さまざまな材料系での光化学反応に伴う紫外可視吸収スペクトル変化を取り上げ，それを 4 次以上の高次微分変換する手法を例示して，その有用性を明らかにすることを目指す．その前提として，微分変換後の顕著なノイズに埋没したスペクトルを抽出するために不可欠なスムージングの設定条件を提示し，分光光度計の種類や測定条件に依存しないことを確認する．ここで強調すべきことは，微分スペクトルにおいても吸収スペクトルと同様に加成性ならびに Lambert-Beer 則が成立することである．また，光散乱などによる吸収スペクトルのバックグラウンドが微分処理によって消去されることも強調したい．

　本書でのスペクトル解析を光反応性材料の光反応挙動に特化する背景には以下の考えがある．第一に，この分野では紫外可視吸収スペクトル測定はルーチンワークである．第二に，微分スペクトルにおけるピークの増減は生成物および反応物に対応するので，それぞれの微分ピークの強度変化によって反応追跡が容易にできる．第三に，光散乱によるスペクトルバックグラウンドを発生する光反応性材料の定量分析が可能となる．第四に，吸収スペクトルでは検知できない微弱な吸収帯，すなわち，振動準位遷移に基づく下位レベルの吸収帯や会合体による微弱な吸収帯の存在が高次微分処理によって顕在化し，光化学反応挙動を深掘りすることができる．本書では取り上げていないが，紫外可視吸収スペクトル変化を伴う熱化学反応系にも適用可能であることはいうまでもない．

　最後に，Savizky-Golay 法によるスムージングが人為的操作であることに十分に留意したい．高次微分スペクトルを再現性あるデータとするうえで，スムージング条件の開示が重要だからである．紫外可視高次微分スペクトル法が広く受け入れられることを願っている．

2019 年 8 月

東京工業大学名誉教授
市村國宏

目　次

第1章　紫外可視微分スペクトルの概要 ……………………………… 1
 1　紫外可視吸収スペクトルを見直そう …………………………… 1
 2　紫外可視微分スペクトルの文献は乏しい ……………………… 2
 3　紫外可視吸収スペクトル活用の限界 …………………………… 3
 4　微分スペクトルを概観する ……………………………………… 4
  4.1　複雑な微分スペクトル形状 ………………………………… 4
  4.2　微分次数はスペクトル形状を大きく変える ……………… 5
  4.3　吸収帯半値幅も微分スペクトル形状を大きく変える …… 7
  4.4　隣接する吸収帯の波長間隔と微分スペクトル形状との関係 …… 9
  4.5　光散乱バックグラウンドの消去 ………………………… 10
 5　まとめ …………………………………………………………… 12

第2章　紫外可視高次微分スペクトルの特長 …………………………15
 1　光の吸収と吸収スペクトル ……………………………………15
 2　高次微分スペクトルにおける振電遷移吸収帯の顕在化 ……15
 3　多環芳香族化合物の高次微分スペクトル ……………………17
 4　アントラセン吸収スペクトルにおける振電遷移の確認 ……20
 5　微分スペクトルにおける加成性およびLambert-Beer則 …21
 6　等吸収点を凌駕する等微分点の有用性 ………………………23
 7　まとめ ……………………………………………………………25

第3章　紫外可視高次微分スペクトルのシミュレーション ………27
 1　シミュレーションの必要性 ……………………………………27
 2　ノイズのない微分スペクトルのシミュレーション …………28
 3　振動準位遷移吸収帯の半値幅と電子吸収帯形状との関係 …28
 4　微分次数によるスペクトル形状の変化と有用性 ……………30
 5　半値幅が異なる振動準位遷移帯からなる吸収スペクトル …31
 6　二成分系のシミュレーション …………………………………33
 7　まとめ ……………………………………………………………35

第4章　紫外可視高次微分スペクトルスムージングのための シミュレーション……………………………………………………………37
 1 シミュレーションの意義…………………………………………………37
 2 ノイズを含むスペクトルのスムージング………………………………38
 3 ノイズを含む合成スペクトルのスムージング手順……………………41
 4 2つの吸収帯からなる合成スペクトルのスムージング………………43
 5 吸収帯の選択とスムージング条件………………………………………46
 6 まとめ………………………………………………………………………48

第5章　紫外可視高次微分スペクトルの再現性および信頼性…………49
 1 高次微分スペクトルに対する懸念を払拭する…………………………49
 2 紫外可視分光光度計ならびに測定サンプル……………………………50
 3 偶次数微分スペクトル形状はどのように分光光度計に依存するか…51
 4 定量分析に適用できる微分値の範囲……………………………………56
 5 FSbQ の光異性化反応による高次微分スペクトル解析………………58
 6 まとめ………………………………………………………………………61

第6章　紫外可視高次微分スペクトルによるポリシンナメート類の 光反応解析……………………………………………………………………63
 1 温故知新……………………………………………………………………63
 2 溶液光反応の吸収スペクトル解析………………………………………64
 3 溶液光反応の高次微分スペクトル解析…………………………………67
 4 高分岐ポリシンナメートの特異的な吸収スペクトル特性……………69
 5 薄膜での高分岐ポリシンナメートの光反応挙動………………………72
 6 まとめ………………………………………………………………………75

第7章　水溶性フォトポリマーPVA-SbQ における会合体形成による 高感度発現……………………………………………………………………77
 1 PVA-SbQ のユニークな特性………………………………………………77
 2 希薄水溶液中での感光挙動—吸収スペクトルによる解析……………78
 3 希薄水溶液中での感光挙動—高次微分スペクトルによる解析………81
 4 微分スペクトルによる薄膜中での光反応挙動の解析…………………85
 5 感光挙動と微分スペクトル変化との相関………………………………88
 6 おわりに……………………………………………………………………91

第8章　アゾベンゼンポリマーの会合体形成と光異性化反応 ……93
1　アゾベンゼンポリマーと光機能性 ……93
2　アゾベンゼン希薄溶液でのスペクトル変化 ……94
3　非晶性アゾベンゼンポリマーの溶液および薄膜 ……96
4　液晶性アゾベンゼンポリマー薄膜への非偏光照射 ……99
5　液晶性アゾベンゼンポリマー薄膜への直線偏光照射 ……103
6　まとめ ……108

第9章　バックグラウンド補正を要する光反応系の非破壊的解析 ……111
1　高次微分スペクトル解析が効果的な研究領域 ……111
2　貧溶媒中でのアゾベンゼンポリマーのスペクトル特性 ……112
3　貧溶媒中でのアゾベンゼンポリマーの光異性化反応挙動 ……113
4　水性エマルジョン薄膜の光反応挙動 ……117
5　バックグラウンド補正によるジアリールエテンフォトクロミック反応の検討 ……119
6　まとめ ……122

第10章　水中に微分散したアゾベンゼン系結晶の光化学反応解析 ……125
1　はじめに ……125
2　アゾベンゼン結晶の水中微分散液の調製と光異性化反応の検証 ……126
3　アゾベンゼンの結晶光異性化反応の速度論解析 ……128
4　4-ジメチルアミノアゾベンゼンの溶液中でのスペクトル特性 ……130
5　4-ジメチルアミノアゾベンゼン結晶の水微分散液での光異性化反応 ……133
6　まとめ ……137

第11章　コアシェルハイブリッド型有機ナノ結晶の固相光反応 ……139
1　はじめに ……139
2　コアシェル型有機無機ナノハイブリッド微粉体とは ……140
3　アゾベンゼン結晶のコアシェル型ナノハイブリッド粉体の融解挙動 ……142
4　アゾベンゼン結晶コアシェル型ハイブリッドの光異性化反応 ……144
5　4-ジメチルアミノアゾベンゼン結晶コアシェル型ハイブリッドの光異性化反応 ……147
6　9,10-ジプロポキシアントラセン微結晶の水分散液での固相光化学反応 ……149
7　まとめ ……152

第12章 ヘキサトリエン系化合物の結晶光化学反応のメカニズム ……… 155
    1　はじめに……………………………………………………………… 155
    2　溶液中での *ZEZ-EEE* 光異性化反応 ……………………………… 156
    3　二重結合周りでの光異性化反応メカニズム……………………… 159
    4　結晶での片道光異性化反応に関する高次微分スペクトル解析…… 161
    5　粉末X線回折による検討 ………………………………………… 164
    6　結晶光化学反応での高次微分スペクトルの意義………………… 166
    7　まとめ……………………………………………………………… 167

第13章 総括―紫外可視高次微分スペクトルを使ってみよう ……… 169
    1　はじめに……………………………………………………………… 169
    2　紫外可視微分スペクトルの意義…………………………………… 170
    3　高次微分スペクトルへの変換手順………………………………… 171
       3.1　吸収スペクトル測定 ……………………………………… 171
       3.2　吸収スペクトルの微分変換 ……………………………… 171
       3.3　スムージング ……………………………………………… 172
    4　紫外可視高次微分スペクトルの特徴……………………………… 174
       4.1　振動準位遷移に基づく吸収帯の顕在化 ………………… 174
       4.2　会合体の顕在化 …………………………………………… 175
       4.3　Lambert-Beer 則 …………………………………………… 175
       4.4　等微分点 …………………………………………………… 175
       4.5　光散乱系への適用 ………………………………………… 176
       4.6　偏光光化学反応の解析と液晶光配向への応用 ………… 177
    5　高次微分スペクトルにおける留意事項…………………………… 177
       5.1　微分スペクトルの精度 …………………………………… 177
       5.2　データポイント数の選択 ………………………………… 177
    6　まとめ……………………………………………………………… 178

索引 ……………………………………………………………………… 181

第1章
紫外可視微分スペクトルの概要

1 紫外可視吸収スペクトルを見直そう

　紫外可視分光光度計はそれほど高価ではなく，また，その測定に格別の技を要することもない．研究者，技術者にとって，もっともなじみ深い吸光分析法の一つである．とくに，光化学反応がかかわる材料の研究者にとって，その測定およびデータ解析はルーチンワークである．さまざまな試料の定量あるいは定性分析に活用されるが，その一方で，他の分析手法の補助的な位置づけに甘んじる場合が少なくない．

　それは主に以下の理由による．①定量分析を行う上で，対象となる試料は光学的に高度に透明でなければならない．溶液であれフィルムであれ，光散乱を伴う試料の成分を定量的に分析することは困難あるいは不可能である．②電子遷移に基づく吸収帯は幅が広いためにスペクトルを構成する吸収帯の数は少なく，それらの重なりを明確に分離することが難しい．このため，分析対象成分以外の化合物が混在する試料の紫外可視吸収スペクトルから，目的とする成分を定量分析することは困難もしくは不可能な場合が多い．このため，NMR，IR あるいはマススペクトルなど他の分析手法と組み合わせる補助的な分析法として位置づけされてきた．

　たとえば，ポリマー薄膜中での光化学反応を非破壊的に定量解析することは意外に難しい．光反応性発色団が会合体を形成する場合が多いし，反応物と生成物の吸収帯を明確に分離することができない．こうした背景のもとで，筆者は4次以上の高次微分スペクトルによるフォトポリマーの光反応解析を思いついた．吸収帯の分離が向上するからである．微分スペクトルについての実践的な手引書がないので試行錯誤を重ねる過程で，さまざまな材料系での光反応挙動を解析するうえで，高次微分スペクトルが通常の吸収スペクトルよりはるかに有益であることが明らかになった．その一方で，微分スペクトルへの変換という人為的な操作を念頭に置きつつ，適用範囲の妥当性に留意を要することも知った．

第1章　紫外可視微分スペクトルの概要

　ところで，市販の分光光度計には吸収スペクトルを微分変換する機能が備わっており，高次微分スペクトルを得ること自体に障害はない．ところが，光化学反応がかかわる光機能材料を微分スペクトルで解析する文献は見当たらない．その背景には，吸収スペクトルにおけるノイズが大幅に増大するために信頼性に欠ける，という先入観が見え隠れする．したがって，高次微分スペクトルの有用性を提示するうえで，以下2つの基本的事項を詳らかにすることが前提となる．

　その一つは，吸収スペクトル測定における微小なノイズにかかわる再現性の問題，つまり，分光光度計の種類や測定条件が異なっても微分スペクトルが信頼に足ることを明らかにしなければならない．第二に，高次微分スペクトルを扱ううえで不可欠なスムージング処理の設定条件もしくは留意事項を提示しなければならない．本書では，これら2点に重点を置きつつ具体的な解析例を示すことによって，とくに高次微分スペクトルの理解を深めることを目指す．

2　紫外可視微分スペクトルの文献は乏しい

　微分スペクトルの始まりは，アナログ分光光度計がSingletonとCooperによって構築された1953年だとされる．その後，計算機が進展した1970年代に，微分スペクトルの応用研究が展開されるようになった．筆者がはじめて微分スペクトルを取り上げたのは1980年初頭である．当時開発したフォトポリマーの感光挙動を調べる過程で，その薄膜フィルムの吸収スペクトルには微弱ながら感光基の会合体に基づく新たな吸収帯が出現していることに気付いた．葉緑体水分散液の微分スペクトルを測定した経験がある職場の同僚の助けを借りて，紫外可視分光光度計によって感光基の会合体を一次微分スペクトルで検出することを試みた．そのときに参考にした文献がTalskyらによる先駆的な総説である[1]．その後，微分スペクトルの成書が出版されている[2]．

　この総説には，つぎのような示唆に富んだ応用が示されている．微量芳香族化合物の検出，インク，医薬品，診断薬，化粧品，食品中の添加物分析，芳香環を有するアミノ酸残基の分析，混濁溶液，懸濁液，エマルジョン中の目的物質の分析，高粘度液体，ゲル，固体の分析，などである．この総説に示された応用例を反映し，微分スペクトルが利用される主な分野はバイオ系，薬学系，コスメティクス系である．これらの分野では，水に不溶あるいは難溶の化合物あるいは物質を水分散系で測定せざるを得ない場合が多く，透明試料を定量分析の対象とする吸収スペクトル測定は適切ではないからである．これらの分野に特化された微分スペクトルに関する総説，解説があり[3-7]，多くの学術的な報告がなされている．インターネットにより入手できる入門的な解説もあるが[8-10]，北村による解説[6,7]およびKuśらの総説[11]が参考になる．

　微分スペクトルについて，書店に立ち寄って分光分析あるいは機器分析関連の日本語の専門書[12-17]を調べたことがある．微分スペクトルという用語が索引に記載されている成書はきわめ

て少ない．理化学辞典には一次微分スペクトルに言及した簡単な記述があるが，日本分析化学会編「機器分析の事典」[13]には，微分スペクトルという用語が取り上げられていない．微分スペクトルがまったく言及されていない分光分析の成書があるし，記述があっても数行から多くて2, 3ページであり，引用文献は皆無である．

3 紫外可視吸収スペクトル活用の限界

一般論として，紫外可視吸収スペクトルから得られる分光学的情報は不満足な場合が多い．これは，吸収スペクトルがπ電子系に基づく発色団を分析の対象とするという本質にかかわる．分子を構成する原子間の単結合にかかわる分子情報は得られないので，吸収スペクトルだけで分子構造を特定することができない．また，吸収スペクトルを構成する吸収帯の幅は広いうえ，紫外可視波長領域での吸収帯の数は限定的である．このため，吸収帯の重なりの程度が大きく，複数の分子種からなる混合系試料から個々の成分を分離，特定することは困難あるいは不可能である．

紫外可視吸収スペクトルが活用される目的の一つは，Lambert-Beer則に基づく定量的な分析である[6,7,11]．吸光度が濃度に比例することを利用する．とくに，光化学反応に基づくさまざまな光機能材料では，光反応を追跡するために吸収スペクトル測定は不可欠である．通常は最長波長領域での吸収極大波長（λ_{max}）での吸光度変化が利用されるが，分析対象分子の吸収スペクトル特性は濃度依存性を示さないことが大前提である．しかし，光機能材料を扱う際に，Lambert-Beer則が満たされることは，まずない．第一に，測定サンプル中に含まれる分析対象分子が高濃度である場合が多い．このため，高度希釈による測定が行われることが多く，対象とする材料の実状態は失われる．たとえば，会合体などの分子種は高度希釈によって消失する．また，光化学反応によって溶剤不溶となるサンプルでは，希釈法は適用外である．第二に，液・液あるいは固・液分散系では，光散乱によるバックグラウンドのために定量分析はできない．第三に，吸収スペクトルは限られた数の幅広い吸収帯から構成されるために，反応生成物の吸収帯との分離は困難である．そのため，吸収スペクトルによって光反応などによる発色団の時間変化を精度よく追跡できるのは，反応分子と生成分子の吸収帯が十分に分離され，かつ，最長末端波長領域でそれぞれの吸収体が消滅あるいは新たに生成する場合に限定される．

以上の理由から，光反応性材料を代表とする対象を吸収スペクトルによって定量分析することは，困難もしくは不可能な場合が多い．高次微分スペクトルの意義は，こうした状況を効果的に補完することにある．大雑把に言えば，従来の吸収スペクトルによる解析は電子エネルギー準位遷移に基づく吸収帯のみに着目するのに対して，その高次微分スペクトルでは主として振動準位での遷移を活用することにある．

第1章 紫外可視微分スペクトルの概要

4 微分スペクトルを概観する

4.1 複雑な微分スペクトル形状

　市販の分光光度計を用いて吸収スペクトルを微分スペクトルに変換できるが，その機能が活用されていない．その理由として以下の事項が挙げられる．第一に，微分スペクトルの形状は複雑であり，それぞれのピークが何を意味しているか分かりにくい．第二に，高次微分スペクトルではノイズがとくに顕著となり，スペクトル形状から何が読み取れるかを理解することが困難である．第三に，ノイズが著しいスペクトルにはスムージング処理が不可欠だが，スムージングについての立ち入った説明は，分光光度計の取扱説明書はもとより上記した文献にもない．

　具体例として，アゾベンゼンのヘキサン溶液を取り上げる．図1.1aに示す吸収スペクトルでは3つの吸収帯が分離しており，吸収帯－1および吸収帯－2には微弱な吸収帯からなる微細構造を示す．n, π^*-遷移に対応する約400 nm以上の吸収帯－3は幅広く，吸光度は小さい．図1.1bは，これを4次微分変換したスペクトルである．吸収帯－1に対応する波長領域には多くの鋭いピークが出現しており，それらは吸収帯－1のショルダーの位置に対応している．吸収帯－2の吸収波長領域では，そのショルダーの位置に対応して微分ピークが認められるが，それらはノイズのために鮮明さに欠け，このままでは解析に利用できない．幅広の吸

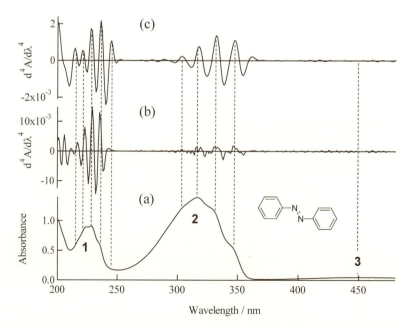

図1.1　ヘキサン中でのアゾベンゼンの(a)吸収，(b) 4次微分変換スペクトルおよび(c)スムージング処理後の4次微分スペクトル（島津 Multispec 1500）

収帯－3の波長領域では，微分スペクトルはゼロ線に一致している．このように，吸収帯によって微分スペクトルの形状が大いに異なる．図1.1cは，スムージング処理を施した4次微分スペクトルであり，吸収帯－2に対応する微分ピークが鮮明化されている．

図1.1によって直感的に提起される課題は以下の通りである．①微分変換スペクトルにおける鋭いピークは何に帰属されるか．②3つの吸収帯それぞれに対応する微分ピークの強度が大きく異なる理由は何か．③スムージングの最適な処理条件とは何か．④これらの微分ピークの波長及び強度はどのように定量分析に活用されるのか．結論的にいえば，④のためには①，②および③の理解が不可欠である．

4.2 微分次数はスペクトル形状を大きく変える

上記の①および②は，微分スペクトルにおけるピークあるいはトラフ（谷）の形状に関連する．そこで，微分変換によって吸収帯がどのように変貌するかを概観する．図1.2aに，吸収極大波長が350 nmである単一の吸収帯モデルを示す．縦軸である吸光度Aに対して横軸を波数とするガウス曲線をモデルとし，ついで横軸を波長に変換してある．波長間隔はほぼ1 nmである．波長λでの1次微分値$dA/d\lambda$は図1.2bにおける$\Delta A/\Delta\lambda$であり，これを各波長に関してプロットすれば1次微分スペクトルが得られる．2次以上の微分スペクトルは同様な処理によって得られる．したがって，微分次数が高くなるにつれて対応する微分値は著しく小さくなり，相対的にノイズが増大する．吸収スペクトルにおけるλ_{max}の測定精度を挙げるために波長間隔を1 nm以下，たとえば，0.5 nmにして測定することがあるが，微分値は1 nm間隔の場合より半減するため，スペクトルノイズが大きくなる．微分スペクトルにおける波長精度を必要以上に高める意義はないので，筆者は1 nm間隔での吸収スペクトルを解析に用いている．

図1.2aの吸収帯の微分スペクトルの形状が，微分次数によって大きく変化する様相を図1.3に示す．奇次数のスペクトルとして1次および3次微分，偶次数としては2次から10次まで

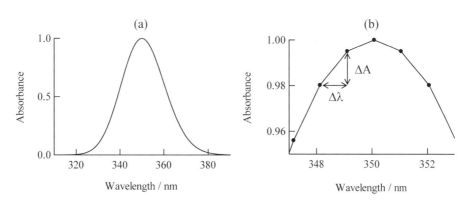

図1.2 (a)ガウス関数による波長間隔＝1 nmの吸収帯および(b)λ_{max}近傍の拡大図

第1章　紫外可視微分スペクトルの概要

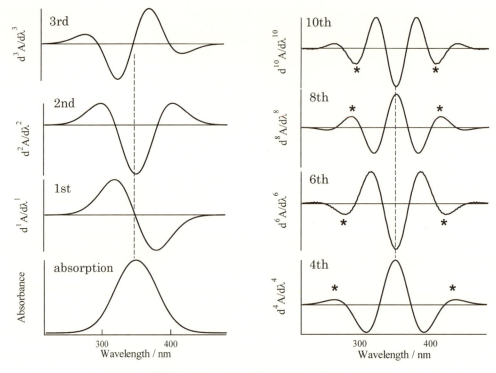

図1.3　吸収帯スペクトルおよび対応する各微分スペクトル

を取り上げている．1次微分スペクトルは，吸収スペクトルの λ_{max} の波長でゼロ線と交差する．2次微分では，微分値の最小値であるトラフは λ_{max} に一致する波長に現れる．3次微分では，2次微分のトラフの波長でゼロ線と交差する．4次微分では，λ_{max} の位置で最大のプラス微分値をもつピークが出現する．その両側にピークが出現しているが，これはスペクトルに固有のものではなく，サテライトピークと呼ばれる人工的なシグナルである．偶次数微分スペクトルでは，最小微分値と最大微分値が交互に現れる．2次，6次では対象となる吸収帯は下に凹のトラフとなり，4次，8次では上に凸のピークとなる．また，偶次数の増加とともにサテライトピークの数が増えるが，第1サテライトピークに比較すると，その強度は圧倒的に小さい．

1次微分スペクトルは，λ_{max} を特定するうえで実用的な意味を持つ．一方，3次微分スペクトルには格段の有用性はない．筆者は，上に凸のピークを与える4次微分スペクトルを主体とし，それを補完するために2次微分および8次微分スペクトルを用いるスペクトル解析を行っている．2次微分を用いる理由は，スムージング処理という人為的操作なしでスペクトルが得られる場合が多いからである．また，サテライトピークがないので，4次以上の高次微分スペクトルにおけるサテライトピークの特定に有効である．8次微分スペクトルも4次微分スペクトルと同様に上に凸のピークとなり，双方でのピーク波長の一致の程度を確認することによって，微分ピークの分離の程度を判定する．

4.3 吸収帯半値幅も微分スペクトル形状を大きく変える

微分スペクトルに関する総説や解説では，前節で記述した微分次数とスペクトル形状との関係とともに，微分スペクトル形状に対する吸収帯の半値幅の影響も説明されている．本節では，微分スペクトルの全体像を把握するうえでの半値幅の重要性に重点をおいて説明する．最大もしくは最小微分値，すなわち，ピークの高さあるいはトラフの深さは吸収スペクトルにおける吸収帯の半値幅に大きく依存するからである．

ガウス関数によるシミュレーションから，偶数の n 次微分における最大微分強度 $D''=d''A/d\lambda''$，つまり，ピークの高さあるいはトラフの深さである D'' と半値幅 W との間には式1の関係がある[6,7]．

$$D'' \propto 1/W^n \qquad (\text{式}1)$$

したがって，吸収スペクトルにおける2つの吸収帯の半値幅がそれぞれ W_1 および W_2 であるとき，n 次微分スペクトルでは，それぞれの最大微分強度 D''_1 と D''_2 の比は式2で表わされる[6,7]．そのため，半値幅が半分になると，微分強度は2次および4次微分ではそれぞれ1/4，1/16であり，8次微分では，半値幅が半分の吸収帯は実質的に無視できる．このため，複数の吸収帯から成るスペクトルの形状は，微分次数によって顕著に変化する．

$$D''_1/D''_2 = (W_2/W_1)^n \qquad (\text{式}2)$$

その様相を実感するために，図1.4aに，半値幅が7.0 nmから22.4 nmの範囲にあるいくつかの吸収帯を示す．その2次および4次微分スペクトルが図1.4bおよび図1.4cである．2次微分スペクトルでは，半値幅が大きくなるにつれて350 nmでの微分強度が小さくなるが，4次微分スペクトルでは，半値幅が7.0 nmでの最大微分値に対して，15.4 nm以上の半値幅の場合には最大微分値は無視できる．

半値幅が異なる2つの吸収帯から構成されるスペクトルを微分変換すると，こうした微分スペクトルの特徴がさらに鮮明となる．その一例を図1.5に示す．図1.5aは，半値幅がそれぞれ22.4 nmおよび8.4 nmである2つの吸収帯AおよびB（点線）の和としてのスペクトルである．ここで，AとBの吸光度比は1：0.05に設定してあり，吸収帯Bの吸光度は圧倒的に小さい．そのため，吸収スペクトルでは長波長側の裾にふくらみがかろうじて認められる．図1.5bに示す2次微分では，吸収帯Bに対応する波長に下に凸のへこみが出現するが，その値はマイナスではないので吸収帯Bへ帰属する明確さに欠ける．4次微分スペクトルでは（図1.5c），A，Bそれぞれの吸収帯の λ_{max} にピークが出現し，しかも，それらの微分強度はほぼ同程度である．8次微分になると（図1.5d），A由来のピークはほぼ消滅し，微弱な吸収帯Bに帰属されるピークのみが認められる．なお，このピークの両側には＊印で示したサテライトピークがある．

第 1 章　紫外可視微分スペクトルの概要

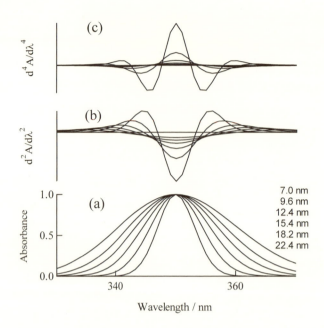

図 1.4　(a)半値幅が異なる吸収帯およびそれらの(b) 2 次および(c) 4 次微分スペクトル

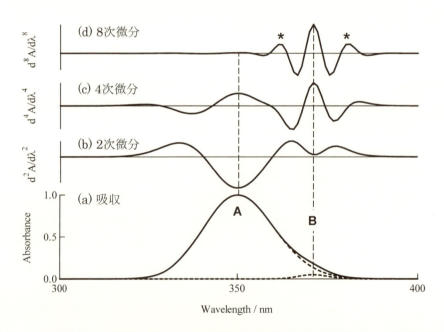

図 1.5　λ_{max}=350 nm, 半値幅 =22.4 nm の吸収帯 A（実線）と λ_{max}=370 nm, 半値幅 =8.4 nm の吸収帯 B（点線）から構成される吸収帯（実線）の吸収スペクトル，2 次，4 次および 8 次微分スペクトル．吸収帯 A と吸収帯 B の吸光度比は 1:0.05 である．

このように，半値幅はスペクトル形状に大きな影響を与え，しかも，その影響の度合いは微分次数に大きく依存する．したがって，単一の微分次数のみでスペクトル解析するのではなく，2次，4次および8次といった複数の次数からなるスペクトルを選択し，それぞれにおける形状，ピーク強度（微分値）を比較することによって多くの情報を得ることができる．

4.4 隣接する吸収帯の波長間隔と微分スペクトル形状との関係

微分スペクトルの形状に大きな影響を与える今一つの因子が，隣り合った2つの吸収帯間での波長間隔である．具体的には，吸収帯を構成する振動準位遷移に帰属される下位レベルの複数の吸収帯を想定している．

強度が等しい2つの隣接する吸収帯を取り上げる．両者の波長間隔によって，その和としてのスペクトル形状がどのように変化するかを概観しよう．その状況を表したのが図1.6である．吸収帯の半値幅を16 nmとし，両者のλ_{max}間での波長間隔を8 nm，10 nmおよび14 nmに変えたとき，両者の和としての吸収スペクトル（実線）を図1.6の(a1)から(c1)に示す．波長間隔が14 nmより十分に大きいスペクトルでは2つのピークが分離しているが，間隔が10 nmになると，2つのピークが融合してピーク幅が広まる．8 nmでは見かけ上単一ピークとなり，2つの基本吸収帯が存在することを知ることができない．

図1.6の(a2)，(b2)および(c2)は，それぞれの4次微分スペクトルである．波長間隔が

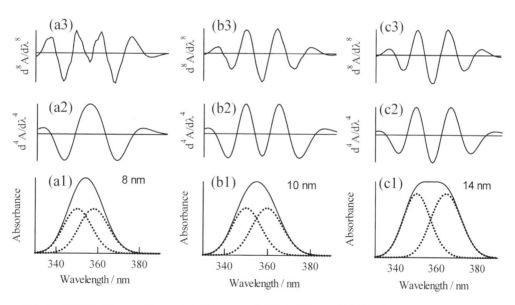

図1.6 半値幅＝8 nm，10 nmおよび14 nmの隣接する2つの基本吸収帯からなる吸収帯形状に対する波長間隔の影響．
吸収スペクトル：(a1)，(b1)および(c1)．4次微分スペクトル：(a2)，(b2)および(c2)．および，8次微分スペクトル：(a3)，(b3)および(c3)．波長間隔は図中に示す．

14 nmの場合だけでなく，ここには示していないが波長間隔が12 nmである単一の吸収帯も2つのピークに明瞭に分離される．一方，波長間隔が8 nmの吸収帯は4次微分では2つのサブピークへの分離が認められない．しかし，8次微分においては，2つのサブピークが分離される．この図には示していないが，さらに波長間隔が狭い6 nmでは，もはや8次微分でもピーク分離ができない．一般的に，高次微分スペクトルによるサブピークへの分離は，半値幅の7割程度までの波長間隔というところが目安である．また，吸収スペクトルでの吸収帯は3つ以上の振動準位遷移に対応する吸収帯から構成される場合については，章を改めて取り上げる．

4.5　光散乱バックグラウンドの消去

吸収スペクトルを定量分析に用いる際には，試料は測定波長領域で高度に透明でなければならない．透明性が劣化する要因として，マトリックス中に混在する微粒子，相分離などに起因する光学的不均一性などがある．吸収スペクトルでは，わずかな光散乱によるベースラインの乱れが定量分析の信頼性を著しく損なう．実用に供される材料では，高度に透明なサンプルは限定的であり，多くの光機能性材料は大なり小なり光散乱系だといってよい．そのため，実用材料を分析あるいは解析するうえで，吸収スペクトルは定性的な分析手法にとどまらざるを得ない．

微粒子による光散乱にはレイリー散乱とミー散乱がある．前者での粒子サイズは波長より小さく，後者での粒子サイズは波長より大きい．レイリー散乱での散乱強度は波長の4乗に反比例するが，ミー散乱での光散乱強度は粒子サイズや形状，さらには，観察方向に依存し，波長依存性は複雑である．しかし，散乱強度が波長に依存する点では共通しており，短波長ほど光散乱強度は大きい．分散系試料がレイリー散乱を受けると仮定し，これをバックグラウンドとしたときの増感剤イソプロピルチオキサントン（ITX）の合成スペクトル例を図1.7に示す．図1.7aでの点線はITXの透明溶液での吸収スペクトルであり，破線は光散乱によるバックグラウンドである．たとえば，透明溶液が微小な気泡あるいは微細な体質顔料によって光散乱状態となった場合に対応する．図1.7bはそれぞれの4次微分スペクトルだが，見やすくするために，光散乱系の微分スペクトルを下方にずらした点線として表示してある．両者のスペクトルが一致していることがわかる．つまり，微分スペクトルによって光散乱によるベースラインが消去されている．

その具体例として，ITX結晶を水中でビーズミリングして微結晶の水分散液を調製し，その分散液の吸収スペクトルおよび4次微分スペクトルを図1.8に示す．希薄分散液の吸収スペクトルを図1.8aに示す．分散した微結晶の平均粒子径は0.3 μm程度であり，700 nm以下の波長領域で光散乱によるベースラインが連続的に持ちあがっている．これを4次微分変換し，さらに，適切な条件でスムージング処理を施した4次微分スペクトルが図1.8bである．この化合物による吸収がない約410 nm以上の波長領域ではスペクトルはゼロ線に一致しており，

4 微分スペクトルを概観する

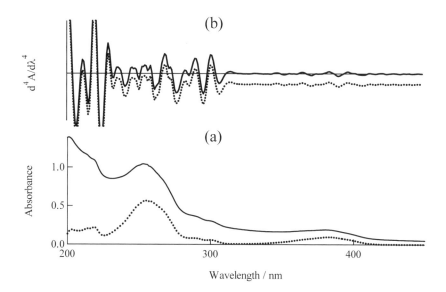

図 1.7 (a)透明(点線)および光散乱系(実線)での ITX の(a)吸収スペクトル,および,それぞれに対応する(b) 4 次微分スペクトル.
(a)における破線はレイリー散乱に対応するバックグラウンドである.

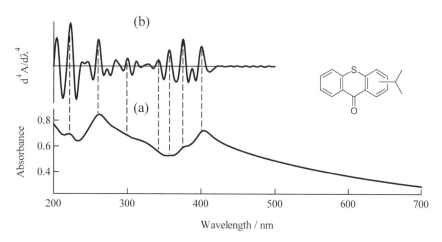

図 1.8 ITX 微結晶の水中ミリング分散液の(a)吸収スペクトル(島津 Multispec 1500)および(b) 4 次微分スペクトル

光散乱によるバックグラウンドが消去されている.微分スペクトルが有機結晶のスペクトル解析にきわめて有用であることを示す.

第1章 紫外可視微分スペクトルの概要

5 まとめ

　紫外可視微分スペクトル自体は比較的古い分光分析法であり，分光光度計に組み込まれた機能によって吸収スペクトルを微分スペクトルに変換できる．バイオ系，薬学系あるいはコスメティクス系の分野で多用されているが，材料科学分野での利用例はきわめて乏しい．その背景としていくつかの理由が挙げられる．第一に，微分スペクトルに関する分光分析に関する成書が乏しく，実践的な文献がない．第二に，吸収スペクトルに比較すると，微分スペクトルの形状はずっと複雑なため，とっつきにくい印象を与える．第三に，吸収スペクトルに対する微分スペクトルの優位性が理解されていない．第四に，高次微分変換されたスペクトルはノイズが顕著なためスムージング処理が不可欠だが，そのための具体的な条件設定指針が提示されていない．結局，材料関連の分野では，有機溶媒に可溶な場合が多いうえに，多種多様な分離，分析手法があるので，あえて微分スペクトルを扱おうとする動機付けがない，というのが実態であろう．したがって，吸収スペクトル測定が日常茶飯事に行われる光反応性材料の学術分野でも[18]，それらの光化学的挙動を高次微分スペクトルによって解析する研究例は筆者らによる論文以外に見当たらない．

　本書は以下の概要から構成されている．第2章で高次微分スペクトルの特徴を具体的に記述したうえで，第3章および第4章でシミュレーションによる微分スペクトル形状に及ぼす諸因子，ならびに，スムージングについて解説する．第5章では，6種類の分光光度計を用いて同一サンプルの吸収スペクトルを測定し，それぞれを微分スペクトルに変換して再現性あるいは信頼性を確認する．ここまでが基礎編である．第6章，第7章および第8章では，光二量化および光異性化反応性側鎖を有するポリマーの光反応挙動について，高次微分スペクトルよる解析を具体的に記述する．第9章から第12章では，光散乱系サンプルでの光反応を高次微分スペクトルで解析する実例を紹介する．したがって，第6章から第12章が微分スペクトル活用の各論となる．第13章では，高次微分スペクトルの意義，特徴，スムージングの手順などを総括としている．したがって，はじめに第13章を開くことも一案である．

〈文　献〉
1) G. Talsky, L. Mayring and H. Kreuzer, *Angew. Chem. Intl. Ed.*, **17**, 785（1978）.
2) G. Talsky, *Derivative Spectrophotometry*, VCH, Weinheim, 1994.
3) C. B. Ojeda, F. S. Rojas and J. M. C. Pavon, *Talanta*, **42**, 1195（1995）.
4) J. Karpińska, *Talenta*, **64**, 801（2004）.
5) F. S. Rojas and C. B. Ojeda, *Anal. Chim. Acta*, **635**, 22（2009）.
6) 北村，ぶんせき，**12**, 991（1994）.
7) 北村，薬学雑誌，**127**, 1621（2007）.

8) *Fundamentals of UV-Visible Spectroscopy*, Agilent Technologies: https://www.agilent.com/cs/ library/primers/Public/5980-1398E.pdf.
9) A. J. Owen, *Uses of Derivative Spectroscopy*: http://www.youngin.com/application/ AN-0608-0115EN.pdf.
10) H. Mark and J. Workman Jr., *Derivatives in Spectroscopy*: http://images.alfresco.advanstar. com/alfresco_images/pharma/2014/08/22/4f351328-85b3-485c-9cac-1a011970f60c/article-69304.pdf.
11) S. Kuś, Z. Marczenko and N. Obarski, *Chem. Anal.*(*Warsaw*), **41**, 899 (1996).
12) 田中誠之,飯田芳男,「機器分析」,裳華房（1979 年初版,1996 年三訂）.
13) 日本分析化学会編,「分光測定入門シリーズ　分光測定の基礎」,講談社サイエンティフィック (2005).
14) 日本分析化学会編,「機器分析の事典」,朝倉書店 (2005).
15) 長谷川健,「スペクトル定量分析」,講談社サイエンティフィク (2005).
16) 日本化学会編,「第 5 版　実験科学講座 20-1　分析化学」,丸善 (2007).
17) 日本分析化学会編,「分析化学実技シリーズ　機器分析編・1　吸光・蛍光分析」,共立出版 (2011).
18) 水野,宮坂,池田,「光化学フロンティア　未来材料を生む有機光化学の基礎」,化学同人 (2018).

第2章
紫外可視高次微分スペクトルの特長

1　光の吸収と吸収スペクトル

　第1章では，イソプロピルチオキサントンやアゾベンゼンなどの希薄溶液の吸収ならびに微分スペクトルを例示した．これらの2次および4次微分スペクトルが示すように，吸収スペクトルでは認めがたい数多くの弱い吸収帯に対応するサブピークが微分変換によって顕在化する．微分スペクトルをさまざまな分析，解析に活用するうえで，これらのサブピークの由来にかかわる吸収スペクトルの原理，すなわち，フランク・コンドン原理に基づく説明が必要となる[1]．吸収スペクトルは電子エネルギー準位での遷移だけでなく，振動エネルギー準位（以下，振動準位）が関与する下位レベルでの遷移に対応する吸収帯の総和だからである．本章では，はじめにフランク・コンドン原理の説明のために多くの参考書に例示されているアントラセン，さらには，いくつかの芳香族化合物の吸収スペクトルを取り上げ，それらの微分スペクトルによって電子状態が異なる振動準位間での遷移に基づく下位レベルの吸収帯が顕在化する様子を記す[2]．
　ついで，高次微分スペクトル解析の基本として，加成性ならびにLambert-Beer則の成立を確認するとともに，吸収スペクトルにおける等吸収点に対応する微分スペクトルでの等微分点の意義を取り上げる．等微分点の有無は，とくに，光反応に伴うスペクトル解析を行う上できわめて重要なポイントだが，これまでその意義が明示されることはなかった．

2　高次微分スペクトルにおける振電遷移吸収帯の顕在化

　分子が光を吸収して電子が基底状態から光励起状態に遷移する過程は，電子よりはるかに重い原子の距離が変わらない時間範囲で起こるフランク・コンドンの原理によって説明される[1]．その概略を図2.1aに示す．この図では，核座標を無視して簡略的に電子エネルギー準位

第2章 紫外可視高次微分スペクトルの特長

および振動準位に対応する準位のみが描かれている．光を吸収する前の基底状態 S_0 に対応する電子エネルギー準位は複数の振動エネルギー準位から成り立ち，これらの準位を v_0, v_1, …, v_n と表記する．したがって，初期状態は基底状態 S_0 における v_0 で表される準位（S_0/v_0）となる．光励起前後での振動準位の番号付けに基づき，S_0/v_0 から S_1 状態における振動準位への遷移を $0\to 0$, $0\to 1$, $0\to 2$, $0\to 3$ などと表記するとき，これらは図2.1aにおける矢印に対応する．エネルギーがさらに高い電子エネルギー準位である S_2 への光吸収も同様に振動準位間で起こる．

アントラセンのヘキサン溶液中での吸収スペクトルを図2.2aに示す．この吸収スペクトルは $S_0\to S_1$ に対応し，鋭い4つのピークは $0\to 0$, $0\to 1$, $0\to 2$, $0\to 3$ に帰属される[1]．これらはフランク・コンドンの原理における許容遷移であり，振電遷移（vibronic transition）と呼ばれる．一方，吸収スペクトルにおける形状に対応させて図2.2bの2次微分スペクトルを見ると，下に凸の4つの深いトラフの間に複数の浅いトラフが認められる．図2.2cおよび図2.2dは，それぞれ4次および8次微分スペクトルである．これらの高次微分スペクトルでは，弱い吸収帯が上に凸のピークとして明瞭に分離されている．たとえば，378 nmに極大値を持つ吸収帯1に着目すると，8次微分スペクトルでは，矢印でマークした新たな2本のピークが顕在化している．

一方，振動寿命の増大や発色団と媒体との相互作用によって振電遷移に対応する吸収帯の半値幅が広がる結果，隣り合った吸収帯が融合する．融合の程度によって振電遷移に対応する吸収帯の形状は不明瞭となるか，あるいは，実質的に観測されない．この様子を模式的に図2.1b

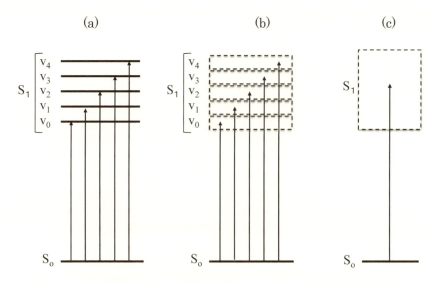

図2.1 光吸収の模式図：(a)振動準位での遷移，(b)幅広の振動準位での遷移および(c)融合した振動準位での遷移

3 多環芳香族化合物の高次微分スペクトル

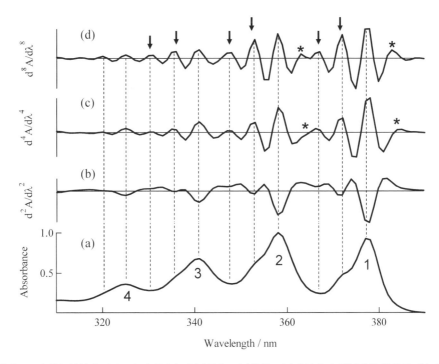

図2.2 ヘキサン溶液中でのアントラセンの(a)吸収, (b) 2次, (c) 4次および(d) 8次微分スペクトル
＊印はサテライトピークを示す．文献2の図を日本化学会の許可を得て掲載．

および図2.1cに示す．したがって，振電遷移に対応する吸収帯の総和である電子吸収スペクトルでは，その吸収帯の形状は3つに大別される[2]．①振電遷移に対応する明瞭な微細構造をもつ吸収帯，②振電遷移に対応する不明瞭なショールダーが認められる吸収帯，および，③振電遷移に対応する吸収帯が融合した電子遷移に基づく幅が広い単一の吸収帯，である．①に属する代表例が上記のアントラセンである．第1章の図1.1に示したアゾベンゼンのように，②に属する発色団は少なくないが，見かけ上微細構造が認めがたい吸収スペクトルであっても，微分変換によって振電遷移に対応する吸収帯が顕在化する．③に属する発色団の吸収スペクトルでは，微分変換しても振電遷移吸収帯は観測されない．したがって，吸収スペクトルを微分スペクトルへ変換する目的の一つは，振電遷移吸収帯の顕在化にあるといってよい．その結果，高次微分スペクトルの形状は吸収スペクトルに比べてはるかに複雑になる．

3 多環芳香族化合物の高次微分スペクトル

明瞭な微細構造を示すアントラセンの吸収スペクトルは，蛍光およびりん光スペクトルとともに光化学の教科書に例示される[1]．図2.2aに示す吸収スペクトルでの4本の鋭いピークはそれぞれ，0→0, 0→1, 0→2, 0→3に帰属されるが，4次あるいは8次微分スペクトルに変

第2章 紫外可視高次微分スペクトルの特長

換すると,これら以外に多くの微分ピークが顕在化する.これらの新たな微分ピークに対応する吸収帯は学術的な検討の対象外とされているので,他の多環芳香族化合物の高次微分スペクトルについても検証する.

図2.3は,光カチオン重合における増感剤として用いられる9,10-ジプロポキシアントラセン(DPA)のトルエン溶液中での結果である[3].吸収スペクトルには振電遷移による5本の吸収帯があるが(図2.3a),アントラセンとは異なって弱い吸収帯は明確には認められない.ところが,その4次および8次微分スペクトルでは様相が大きく異なり,$0\to0$, $0\to1$, $0\to2$, $0\to3$, $0\to4$ 以外に多くの吸収帯が顕在化する(図2.3bおよび図2.3c).ただし,アントラセンとは異なり,これらの微分ピークの間隔は規則的ではない.これは,2つのプロポキシ基の相対的な配向方向の違いによって説明されると考える.すなわち,図2.3に描かれているように,DPAでは2つの回転異性体があり,両者間で振電遷移が異なるためと考えられる.

他の多環芳香族化合物について微分変換の結果を見てみよう.図2.4aはテトラセンの吸収スペクトルである.溶媒和効果を最小にするうえでヘキサンが溶媒として好ましいが,溶解性が低いためにトルエン溶液として調製している.アントラセンと同様に振電遷移に帰属される4つの振電遷移吸収帯があるが,スペクトル形状は全体的に滑らかである.トルエンとテトラ

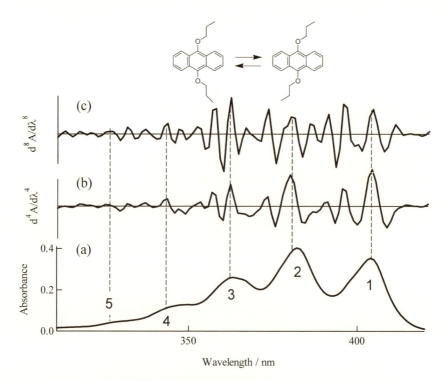

図2.3 トルエン溶液中での9,10-ジプロポキシアントラセンの(a)吸収,(b)2次および(c)4次微分スペクトル

3 多環芳香族化合物の高次微分スペクトル

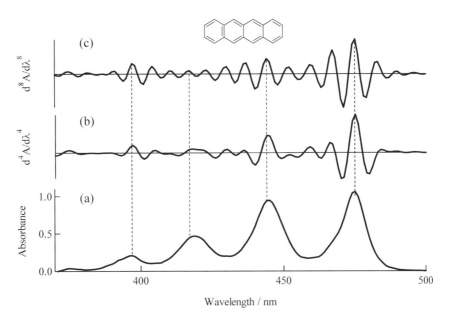

図2.4 トルエン溶液中でのテトラセンの(a)吸収，(b) 4 次および(c) 8 次微分スペクトル

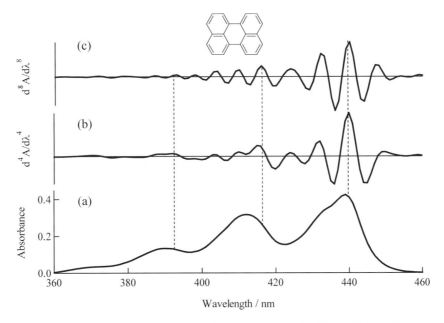

図2.5 トルエン溶液中でのペリレンの(a)吸収，(b) 4 次および(c) 8 次微分スペクトル

センとのπ電子相互作用に基づく溶媒和のためであろう．その4次および8次微分スペクトルでは（図2.4bおよび図2.4c），多くのサブピークが明瞭に出現している．また，図2.5aに見るように，ペリレンの溶液スペクトルでもまったく同様なことが観察される．その吸収スペクトルは滑らかだが，4次および8次微分スペクトルに変換することによって潜在的な吸収帯の存在が明瞭となる（図2.5bおよび図2.5c）．

このように高次微分スペクトルでは，吸収スペクトルで見落とされている下位レベルの吸収帯の存在が明らかになる場合がある．

4　アントラセン吸収スペクトルにおける振電遷移の確認

以上のように，多環芳香族化合物の吸収スペクトルを高次微分変換すると，振電遷移に対応する吸収帯以外にいくつかの吸収帯が顕在化する．光化学関連の参考書では，フランク・コンドン原理に基づく光吸収および励起状態からの発光を説明するために，アントラセンの吸収スペクトルおよび発光スペクトルが例示されている[1]．しかし，光吸収に関しては，0→0，0→1，0→2，0→3などの遷移に対応する吸収帯のみが説明対象であり，上記したそれ以外の弱い吸収帯についての記述はなく，したがって，解説もない．また，これに関連する文献も見当たらないようである．

そこで，アントラセンの吸収スペクトルが0→0，0→1，0→2，0→3，および，それ以外の潜在性吸収帯の総和であることを検証するために，以下の手順でアントラセンの吸収スペクトルをエクセルによって再現した[2]．はじめに，振電遷移に対応する吸収帯として，半値幅が6nmとなるように横軸を波数とするガウス関数を作成する．ついで，強度比を1/0.6/0.2とした3つの吸収帯をアントラセンのサブピーク波長に一致するように配置する．このセットが一組の振電遷移に対応する．他の振電遷移吸収帯についても同様に3つの基本吸収帯を組み合わせ，それらの強度および配置をアントラセンの実測値に近似させる．最後に，波数を波長に変換して得たシミュレーション吸収スペクトルが図2.6aである．図2.3aのアントラセンの吸収スペクトルと比較すると，全体的なスペクトル形状，ピーク波長およびそれらの相対強度はよく似ている．この吸収スペクトルを2次，4次および8次微分変換した結果が図2.6b，図2.6cおよび図2.6dである．ここから確認できることは以下の通りである．①下位レベルの吸収帯ピーク波長は，それぞれの微分スペクトルのサブピークのそれによく一致する，②これらの下位レベル吸収帯の大小に対応してサブピーク強度が増減する．

以上の結果から，アントラセンの微分スペクトルでは下位レベルの吸収帯が明瞭に分離され，吸収スペクトルでは見落とされるサブレベルの吸収帯の存在が確認できる．さらに，図2.3に示した実測データに基づく微分スペクトルにおけるサテライトピークと同様に，8次微分スペクトルには吸収末端以外にもサテライトピークが存在することも確認される．

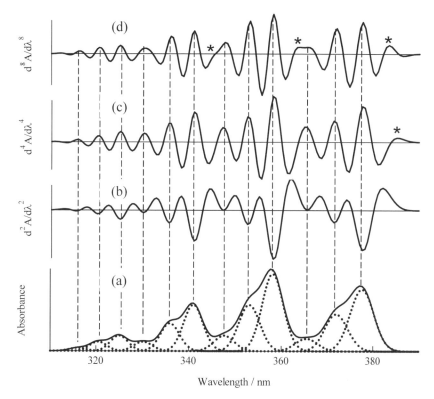

図 2.6 アントラセンの(a)シミュレーション吸収スペクトルおよびその(b) 2 次,(c) 4 次および
(d) 8 次微分スペクトル
文献 2 の図を日本化学会の許可を得て掲載.＊印はサテライトピーク.

以上のように,高次微分変換することによって,$0 \to 0$, $0 \to 1$, $0 \to 2$, $0 \to 3$ 以外の吸収帯の存在が顕在化できる.筆者は専門外なので立ち入った考察ができないが,これらの吸収帯には,原子核の振動が電子の波動関数の混合をもたらす振電相互作用(vibronic coupling)が関与していることが示唆される.なお,筆者の文献 2 ではこれらの吸収帯を回転準位遷移のみに帰属しているが,上記も考慮を要すると考える.

5 微分スペクトルにおける加成性および Lambert-Beer 則

図 2.3 に示した微分スペクトルから,9,10-ジプロポキシアントラセンの回転異性体について知見が得られることを記したが,微分スペクトルの有用性はこうした分子構造に関する課題に対してではなく,スペクトルの時間変化によって化学反応の速度論的解析を行う実践的な意義にある.熱化学反応によるスペクトル変化も解析の対象だが,光化学反応に基づくスペクトル変化への適用は非常に有効である.光化学反応による吸収スペクトル変化は π 電子系での構造

第2章 紫外可視高次微分スペクトルの特長

変化を直接反映し,吸収波長のシフトや吸光度の変化によって光化学反応を定量的に追跡できるからである.しかし,スペクトル変化を微分変換することによって定量的な解析ができる場合が少なくない.それらを提示することが本書の目的であるが,その前提として,微分スペクトルによる定量分析を可能とする基本的な事項である加成性ならびにLambert-Beer則が微分スペクトルでも成立することを確認する[4].

吸収スペクトルの場合と同様に,多成分系の微分スペクトルにおいても加成性が成り立つ.すなわち,m 種の化合物からなる混合物の微分値 $d^nA/d\lambda^n$ は,個々の微分値の和に一致する(式(1)).

$$d^nA/d\lambda^n = d^nA_1/d\lambda^n + d^nA_2/d\lambda^n + \cdots + d^nA_m/d\lambda^n \tag{1}$$

したがって,定量的なスペクトル解析を行う際には微分値を吸光度と同様に扱うことができるので,反応系の微分スペクトルで観測される微分ピーク波長での微分値変化に基づく定量分析ができる.つまり,吸収スペクトルでの λ_{max} における吸光度変化から反応速度論を展開する手法と同様に,微分ピークにおける微分値 $d^nA/d\lambda^n$ の変化によって速度論的解析が可能である.ただし,個々の微分値を固有値として扱うのではなく,相対値として取り扱う点が吸収スペクトルとの本質的な違いである.したがって,光照射による吸収スペクトル変化を記録し,それを微分スペクトル変化に変換して目的とする微分ピークの微分値を相対的な値として取り扱って反応解析を行えばよい.

今一つ重要な点は,微分スペクトルにおいてもLambert-Beer則が成立することである.吸光度,モル吸光係数および光路長がそれぞれ A,ε および l であるとき,濃度が c であるサンプルでのLambert-Beer則は式(2)で表わされる.ε の値は化合物に固有であるがゆえに,吸収スペクトルが定量分析に用いられる.

$$A = \varepsilon \times c \times l \tag{2}$$

A および ε は波長 λ の関数なので,式(2)の n 次微分は式(3)で表わされる.つまり,l が一定であれば,n 次微分値 $d^nA/d\lambda^n$ は濃度 c に比例する.$d^nA/d\lambda^n$ を波長 λ に対してプロットしたグラフが n 次微分スペクトルなので,微分スペクトルでも定量分析が可能である.

$$d^nA/d\lambda^n = d^n\varepsilon/d\lambda^n \times c \times l \tag{3}$$

$d^n\varepsilon/d\lambda^n$ は特定波長における固有値だが,この値そのものを定量分析に用いることはできない.微分変換されたスペクトルはノイズが増強しているためにスムージングが不可欠であり,この人為的な処理によって $d^n\varepsilon/d\lambda^n$ はもはや固有値ではないからである.これがモル吸光係数 ε との本質的な相違点である.しかし,光照射に伴う微分スペクトル変化に伴う特定な波長での微分値は相対的な変化量となるので,その時間変化から速度論的な定量分析を行うこ

とができる．つまり，吸収スペクトルの時間変化を微分変換することによって，定量的な反応解析ができる．その結果，光散乱系などのように吸収スペクトルでの定量分析が困難もしくは不可能な場合に，微分スペクトルがおおいに威力を発揮する．

6 等吸収点を凌駕する等微分点の有用性

吸収スペクトルによる反応解析での重要な用語として等吸収点がある．2成分系において両者の濃度の和が一定の時，それぞれの成分比を変えて測定される複数の吸収スペクトルには交差点，すなわち，等吸収点が発生する．しかし，光反応性材料の分野において等吸収点の判定が安易に行われやすい，というのが筆者の見解である．たとえば，複数のスペクトルが交差する角度が浅い場合に，一点できっちりと交差していると判定することは意外に難しい．一方，等吸収点が認められるスペクトル変化を微分変換すると，複数の微分スペクトルが交差する箇所が等吸収点よりはるかに数多く出現する．本シリーズでは，このスペクトル交差点を等吸収点に対応して等微分点と呼ぶことにする．なお，isosbestic point に対応する等微分点の英訳がないので，筆者の論文では common crossing point（CCP）という用語を用いている[2]．

等微分点を活用する例として，アゾベンゼンのヘキサン希薄溶液に 313 nm の紫外線を照射して *trans* 体から *cis* 体への光異性化におけるスペクトル変化を図 2.7 に示す[2]．図 2.7a はよく

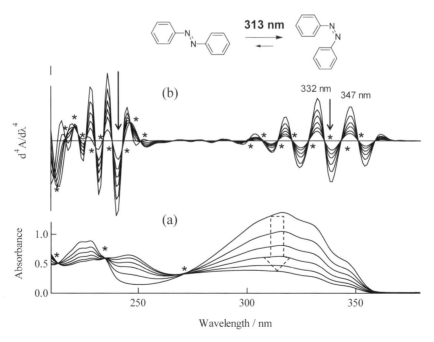

図 2.7 アゾベンゼンの光異性化反応に伴う(a)吸収および(b)4 次微分スペクトル変化
＊印は等吸収点あるいは等微分点を示す．

第2章 紫外可視高次微分スペクトルの特長

知られたスペクトル変化だが，3つの等吸収点が出現しており，これらの等吸収点の波長では，トランス体およびシス体のモル吸光係数（ε）は等しい．光照射によるスペクトル変化での等吸収点の発現は，2成分系のみの光反応であることを主張するために用いられる．これが従来法である．

図 2.7b は，これを4次微分変換したスペクトル変化である．この4次微分スペクトルは適切な条件でスムージング処理を施してあるが，そのためのスムージングについては第3章および第4章で詳細に説明する．この微分スペクトル変化では，多数の等微分点が全波長領域にわたって認められる．等微分点の著しい増加は，微分変換によって振電遷移に対応する下位レベルの吸収帯が分離され，それぞれが光照射に伴って増減するためである．微分スペクトルにおける Lambert-Beer 則から，これらの等微分点では2つの異性体のモル吸光係数（ε）の微分値 $d^4\varepsilon/d\lambda^4$ が一致している．ここで，εは固有値であるのに対し，$d^4\varepsilon/d\lambda^4$ を固有値として扱うことができないことはすでに述べた．

等微分点の活用例を以下に示す．桂皮酸エチルの酢酸エチル溶液に 313 nm の紫外線を照射したときの吸収スペクトル変化を図 2.8a に示す．酢酸エチルの吸収のために，260 nm 以下のスペクトルを得ることができず，この測定波長領域では等吸収点がないので単一反応性についての判定は不可能である．これを4次微分スペクトルに変換すると，図 2.8b に見るように，振動準位での遷移による吸収帯が顕在化するために多くの等微分点が認められる．ここで初めて，この光照射条件下では光異性化のみが起こっていると確認できる．

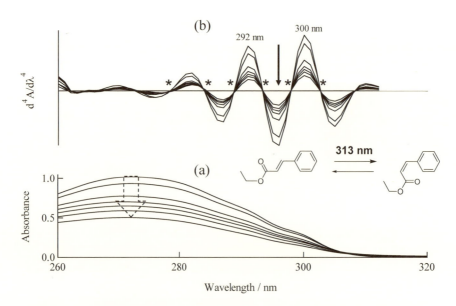

図 2.8 桂皮酸エチルの酢酸エチル溶液中での光異性化反応におけるサブピークの
4次微分値を用いる一次反応プロット
＊印は等微分点を示す．

等微分点が出現する微分スペクトル変化は反応の単一性を確認するうえで重要であるだけでなく，吸収スペクトルでは不可能な反応解析が可能となることを強調したい．たとえば，図 2.8b における 292 nm および 300 nm に微分最大値を持つ 2 つのサブピークに着目する．それぞれのピークの両側に等微分点があるが，これらはゼロ線上にある．つまり，これらの交差点におけるトランス体のモル吸光係数の微分値 $D^4 = d^4\varepsilon/d\lambda^4 = 0$ であり，これらのサブピークの変化はトランス体の減衰のみに対応していることを意味する．言い換えると，これらの波長範囲にはシス体の吸収がないか，あるいは，シス体の吸収帯が十分に幅広であるため，シス体の混在が無視できる．したがって，これらのサブピークでの最大微分値 D^4 の変化から，トランス体の減少，すなわち，光異性化率を直接算出することができる．吸収スペクトルでは不可能な解析法である．

　図 2.7 に示すアゾベンゼンの光反応もまったく同様に取り扱うことができる．ここでは光異性化反応だけが関与しているから，シス体に関する吸収スペクトルデータがなくても，上記のような等微分点の特徴によって反応率を定量的に追跡できる．また，生成物の異性化割合を求めることができるので，シス体の吸収スペクトルを算出することも可能となる．このように，等微分点が出現するスペクトル変化は単一反応性を検証するうえで非常に有効であるだけでなく，速度論的な解析を可能となることを強調したい．

7　まとめ

　アントラセンに代表される芳香族多環化合物は，剛直な分子骨格ゆえに明確な微細構造からなる吸収スペクトルが観測されるが，高次微分変換によって，これまで取り上げられていなかった振電遷移吸収帯の存在が顕在化する．これらの潜在性吸収帯は振電相互作用に基づく遷移によるものと思われるが，関連する文献が見当たらず今後の検討課題だと考える．

　微分スペクトルの特徴は，主として振電遷移に基づく吸収帯を顕在化して分離することにある．その結果，等吸収点が観察できない吸収スペクトル変化でも，微分スペクトルにおける多数の等微分点の存在によって反応の均一性が判別できる．その結果，高次微分スペクトルは吸収スペクトルでは不可能な反応解析を可能とする．

　微分スペクトルにおいても，加成性と Lambert-Beer 則が成り立つことが定量分析の基本である．吸収スペクトルにおける Lambert-Beer 則との相違点は，吸光係数 ε が化合物に特有な値であるのに対して，微分スペクトルにおける $d^nA/d\lambda^n$ (D^n) はスムージング処理条件によって変動する．このため，D^n は相対的な値として扱うことになるが，光化学反応のようなスペクトル変化の解析に支障はない．一方，反応物と生成物の吸収帯が重なる場合には，吸光度変化のみで反応率を求めることはできないが，微分スペクトルに変換することによって両者に帰属される振電遷移に対応する微分ピークが分離されうるので，反応物のスペクトル特性が不明

であっても反応率を算出することが可能となる場合がある．

　最後に，振電相互作用が関与する遷移についてご教授いただいた理化学研究所中村振一郎博士に心より謝意を表する．

〈文　献〉

1) a) N. J. Turro, Modern Molecular Photochemistry, University Science Books, California (1991; b) N. J. Turro, V. Ramamurthy, J. C. Scaiano, "*Principles of Molecular Photochemistry-An Introduction,*" University Science Books, California (2009); c) N. J. Turro, V. Ramamurthy, J. C. Scaiano 著；井上，伊藤監訳,「分子光化学の原理」，丸善出版 (2013).
2) K. Ichimura, *Bull. Chem. Soc. Jpn.*, **89**, 549 (2016).
3) K. Ichimura, *J. Mater. Chem., C*, **2**, 641 (2014).
4) a) S. Kuś, Z. Marczenko, N. Obarski, *Chem. Anal.(Warsaw)*, **41**, 899 (1996); b) J. Karpińska, *Talanta*, **64**, 801 (2004).

第3章
紫外可視高次微分スペクトルのシミュレーション

1 シミュレーションの必要性

　第1章で記述したように，紫外可視微分スペクトルの利用は限定的である．そこで，吸収スペクトルを補完しうる特徴を持ちながら，なぜ微分スペクトル解析がこうした現状にとどまっているのか，について考察する．これが本章で取り上げる微分スペクトルシミュレーションの動機付けだからである．

　微分スペクトルにおける留意すべき課題は次の2点に集約される．第一に，微分次数が高くなるほどノイズの影響が増大し，定量分析手法としての信頼性は低下する．分光光度計に由来する微小なノイズが微分スペクトル形状を大きく損ねることもありえる．たとえば，調製不足の分光光度計では，光源切り替えなどに由来するノイズが段差として発生する．あるいは，分光光度計の光学系に起因する微小なノイズによって，高次微分スペクトルがスムージング処理ではカバーしきれない影響を受けることもありえる．つまり，吸収スペクトルでは気にならない微小ノイズがサンプルの吸収帯に重なると，微分スペクトル形状に甚大影響を与える．

　第二に，高次微分スペクトルに不可欠なスムージング処理に対する信頼性の欠如が指摘できる．スムージングにはSavizky-Golay法が用いられるが[1,2]，ここでは適切なスムージングパラメーター，すなわち，多項式の微分次数とデータポイント数を選定しなければならない．つまり，吸収スペクトルを微分変換すること自体に人為性が入る余地はないが，スムージング処理に恣意性が入るので，これらを十分に考慮に入れた上で高次微分スペクトルを扱わなければならない．

　本章では，はじめに振動準位遷移に基づく吸収帯の特性がどのように電子吸収帯の形状に反映されるか，また，サブピークとして分離される振動準位遷移に対応する下位の吸収帯形状が微分次数によってどのように変化するかをシミュレーションによって確認する．ついで，A

第 3 章　紫外可視高次微分スペクトルのシミュレーション

から B への単一反応を模擬すべく，λ_{max} が異なる 2 つの電子吸収帯が重なる系を取り上げ，両者の混合比が変化するにつれて微分スペクトル形状がどのように変わるかをシミュレーションによって可視化する．本章でのシミュレーションはノイズがないスペクトルを対象としており，実際の吸収スペクトルに近いノイズを含むシミュレーションは第 4 章で取り上げる．

2　ノイズのない微分スペクトルのシミュレーション

　第 2 章では，振動準位遷移が吸収スペクトルに明瞭に反映される例として，アントラセンなどの多環芳香族化合物を取り上げた．また，アゾベンゼンのように，微弱な微細構造を持つスペクトルが観測される場合がある一方で，微細構造がまったく認められない幅広の吸収帯のみからなるスペクトルも多い．つまり，第 2 章で記述したように，吸収スペクトルでの吸収帯のおおまかな形状は，①振動準位遷移に帰属される微細構造を示す，②微弱なショルダーとしての微細構造が認められる，③微細構造が認められず幅が広い単一の吸収帯として観測される，の 3 つに大別される．吸収スペクトルでは回転準位遷移に基づく吸収帯は無視できるので，微細構造の有無およびその程度を議論するうえで，振動準位遷移のみを対象とすればいい．つまり，吸収帯は振動準位遷移に帰属される吸収帯の総和として取り扱えばいい．そこで，第 2 章で例示したアゾベンゼンや桂皮酸エステルの微分スペクトルを参考にし，電子遷移に基づく吸収帯が振動準位遷移の吸収帯の総和からなるとして以下のシミュレーションを行った[1]．

　光化学反応を利用する光機能材料の発色団の多くが紫外波長領域にあることを考慮し，シミュレーションにおける電子吸収帯の λ_{max} を 400 nm に設定した．さらに，アゾベンゼン等の例を参考にして 4 つの振動準位遷移吸収帯の相対強度を 0.2/0.6/1.0/0.8 に設定し，それらの波長間隔 $\Delta\lambda_v$ を 14 nm とした．この条件のもとで，横軸を波数とするガウス関数をエクセルで描画し，ついで，波数を波長に変換して吸収スペクトルとした．なお，データ間隔はおよそ 1 nm である．

　本章でのシミュレーションの目的は，振動準位遷移吸収帯の $\Delta\lambda_v$ ならびに半値幅 W_v が高次微分スペクトルの形状にどのような影響を与えるかを把握するとともに，高次微分スペクトルの限界についての知見を得ることにある．

3　振動準位遷移吸収帯の半値幅と電子吸収帯形状との関係

　図 3.1(a1)〜(d1) は，電子吸収帯（実線）の形状が振動準位遷移吸収帯（点線）の W_v によってどのように変化するかを示す．W_v 値は図中に示してある．$W_v = 12$ nm $< \Delta\lambda_v = 14$ nm，すなわち，W_v が $\Delta\lambda_v$ より小さい時は明瞭な微細構造となるので，この図には示していない．$W_v = 16$ nm では，アゾベンゼンの吸収帯に類似して振動準位遷移吸収帯は微弱なショルダーと

して認められる．$W_v = 19$ nm になると，微細構造はもはや認めがたく，それ以上の W_v では，幅が広い単一の電子吸収帯となる．

それぞれの電子吸収帯を 4 次微分変換した結果が図 3.1(a2)～(d2) である．図 3.1(a2) は，$W_v = 14$ nm における 4 次微分スペクトルだが，アゾベンゼンや桂皮酸エチルの 4 次微分スペクトルに類似しており，振動準位遷移吸収帯に対応する 4 つのサブピークが顕在化している．また，このサブピークの強度比は，振動準位遷移吸収帯の強度にほぼ比例している．その 8 次微分および 12 微分スペクトルの形状は 4 次微分スペクトルに似ている．また，この図ではそれほど明瞭ではないが，微分次数が大きいほどサブピークの線幅は狭くなっている．これらの微分スペクトルでの縦軸の数値は省略してあるが，吸収スペクトルが 0～1 の範囲であるのに対して，4 次，8 次および 12 次微分スペクトルでは，およそ 10^{-3}，10^{-5}，10^{-6} のオーダーであり，次数が大きくなると微分値は急激に小さくなる．

図 3.1(b1) は $W_v = 19$ nm の吸収帯（実線）だが，微細構造は認めがたい．しかし，図 3.1(b2) に示す 4 次微分スペクトルでは振動準位遷移吸収帯に対応するサブピークが顕在化する．ただし，それらの強度比は振動準位遷移吸収帯における比率に比例していないうえ，分離が不十分である．しかし，8 次および 12 次微分スペクトルは $W_v = 16$ nm における高次微分スペクトルの形状に一致する．この結果は，適切な微分次数を選択するうえで，微分次数を変えてスペ

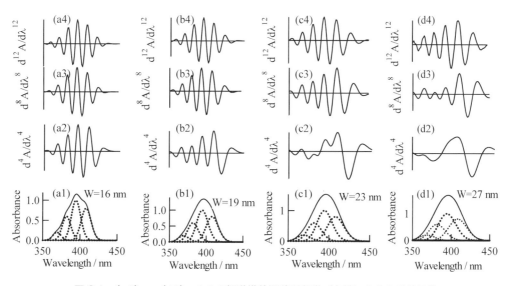

図 3.1 (a1)～(d1)：4 つの振動準位遷移吸収帯（点線）からなる吸収帯
(a2)～(d2)：対応する 4 次微分スペクトル
(a3)～(d3)：8 次微分スペクトル
(a4)～(d4)：12 次微分スペクトル
振動準位遷移の半値幅 W_v は吸収帯の図に示してある．
文献 1 の図を日本化学会の許可を得て掲載．

クトル変換を行って相互比較することが有効であることを意味する．W_v = 23 nm の吸収帯では，図3.1(c4)のように，12次微分変換によってはじめて振動準位遷移吸収帯の分離ならびに強度比が再現される．一方，W_v = 27 nm では，図3.1(d4)に示す12次微分スペクトルが振動準位遷移吸収帯に対応する形状をかろうじて示しているが，この半値幅が高次微分スペクトル適用限界といえる．

以上の結果から，つぎの知見が得られる．

① 微細構造が認めがたい吸収帯でも，高次微分変換によって振動準位遷移に基づく基本吸収帯由来のサブピークが分離される
② 4次のみならず8次微分をも行うことによって，微分スペクトルの妥当性が判断できる．
③ 基本吸収帯の W_v が $\Delta\lambda_v$ を大幅に越える場合には，微分スペクトル解析が困難もしくは不可能となる．
④ サテライトピークは微分スペクトル末端に観察されるが，サブピークの形状には影響を与えない．

本シリーズでは4次微分スペクトルを主として用いる解析を対象とするが，必要に応じて8次微分スペクトルに基づく解析を行う．実際の吸収スペクトルはノイズを内在するので，筆者は12次微分スペクトルをほとんど用いない．

4　微分次数によるスペクトル形状の変化と有用性

図3.1から分かるように，振動準位遷移吸収帯の W_v が $\Delta\lambda_v$ より約1.5倍以上になると，微分スペクトルの形状は微分次数に強く依存し，$W_v/\Delta\lambda_v$ の値がさらに一定値を越えると，もはや振動準位遷移に基づくサブピークを得ることができない．このような曖昧さが，第1章第2節で言及したように，分光分析に関する専門書が紫外可視微分スペクトルに対して冷淡な理由であろう．そこで，$W_v/\Delta\lambda_v$ の値が微分スペクトル形状に大きな影響を与えることを理解したうえで，微分次数によってスペクトル形状が変わる典型的な例として，2つの吸収帯からなる微分スペクトルの形状を取り上げる．

図3.2(a1)および図3.2(b1)に，2つの吸収帯（点線）からなるスペクトルを示す．それぞれの吸収帯の W_v を35 nm，強度比を1：0.5に設定し，前者での $\Delta\lambda_v$ を10 nmとし，後者での $\Delta\lambda_v$ を20 nmとしている．したがって，$W_v/\Delta\lambda_v$ はそれぞれ3.5と1.75である．図3.2(a2)，図3.2(a3)および図3.2(a4)には，$W_v/\Delta\lambda_v$ = 3.5 の吸収帯をそれぞれ4次，8次および12次微分したスペクトルを示す．これらの波形はほとんど変わらず，また，12次微分変換しても2つの吸収帯に対応するピーク分離が認められない．一方，$W_v/\Delta\lambda_v$ = 1.75 では，図3.2(b2)に示す4次微分スペクトルは不完全ながら2つの吸収帯の存在が認められ，8次微分変換によっ

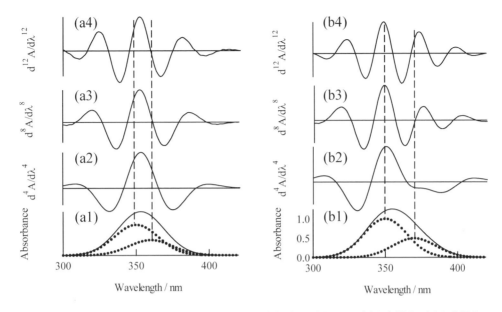

図 3.2 半値幅が 35 nm の 2 つの吸収帯から成る(a)吸収スペクトル，(b) 2 次微分，(c) 8 次微分および (d) 12 次微分スペクトル
左側の a-シリーズでのスペクトルでの波長間隔は 10 nm，右側の b-シリーズでの波長間隔は 20 nm である．文献 1 の図を日本化学会の許可を得て掲載．

てピーク分離が明確となる（図 3.2(b3)）．12 次微分によって，さらなるピーク分離および波長位置が 2 つの吸収帯に対応していることが読み取れる（図 3.2(b4)）．このように，$W_v/\Delta\lambda_v$ が異なる 2 つの吸収スペクトルの波形に差異は認めがたいが，高次微分変換によってスペクトルを構成する吸収帯が分離できる．これは，吸収スペクトルに内在する吸収帯を見逃している場合が多くあることを意味する．

5 半値幅が異なる振動準位遷移帯からなる吸収スペクトル

図 3.1 は微分スペクトル形状の比較を目的としているので，その縦軸は示していない．実際には，微分次数が大きくなるにつれて縦軸の微分値は大幅に小さくなる．そこで，振動準位遷移帯の W_v が異なる 2 つの電子吸収帯から成るスペクトルモデルを作成し，微分次数によってスペクトル形状がどのように変化するかについてシミュレーションを行った．

図 3.3a に示すスペクトルは 2 つの電子吸収帯（実線）から構成され，それぞれの電子吸収帯は 4 つの振動準位遷移吸収帯（点線）の総和である．長波長領域は $S_0 \to S_1$ 遷移，短波長領域での $S_0 \to S_2$ 遷移に基づく電子吸収帯を想定している．$S_0 \to S_2$ 遷移では W_v が 6 nm の振動準位遷移吸収帯を $\Delta\lambda_v = 7$ nm で配置し，$S_0 \to S_1$ 遷移では $W_v = 16$ nm，$\Delta\lambda_v = 17$ nm で配置し

第 3 章 紫外可視高次微分スペクトルのシミュレーション

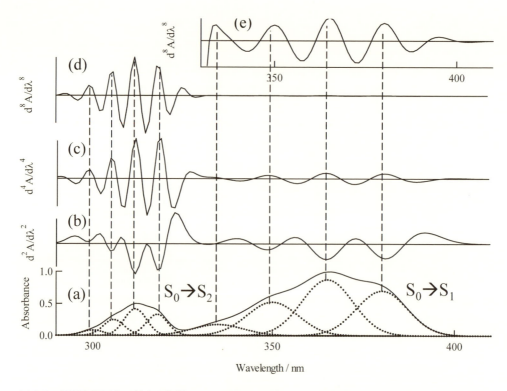

図 3.3 半値幅が異なる基本吸収帯の 2 つの電子吸収帯からなる(a)吸収，(b) 2 次微分，(c) 4 次微分，(d) 8 次微分スペクトルおよび(e) 8 次微分スペクトルの縦軸拡大シミュレーション
文献 1 の図を日本化学会の許可を得て掲載.

てある．図 3.3b に示す 2 次微分スペクトルでは，振動準位遷移吸収帯に対応する波長に下に凸のトラフが出現しているが，その分離は十分ではない．4 次微分になると（図 3.3c），短波長領域のサブピークが明瞭に分離されるが，長波長側のサブピーク強度は小さい．8 次微分変換では，明瞭に分離された短波長のサブピークに比較すると，長波長領域でのサブピークはもはや特定しがたい（図 3.3d）．

以上の結果は，n 次微分でのサブピークは W_v の n 乗に反比例して小さくなるためである．したがって，8 次微分スペクトルでは短波長領域のサブピークに比較して長波長領域はほぼゼロとなり，このままでは解析に利用できない．しかし，図 3.3e に見るように，縦軸の数値範囲を適切に拡大すると長波長領域でのスペクトル形状が鮮明になり，そのピークの位置は振動準位遷移帯の λ_{max} と一致している．つまり，微分スペクトルでは，スペクトル解析の対象とする波長領域での微分次数に応じて縦軸の数値範囲を適切に選択する必要がある．これは吸収スペクトルの場合との本質的な違いである．

以上の結果は次のようにまとめられる．

① 振動準位遷移吸収帯の W_v が異なる複数の電子吸収帯から成るスペクトルを高次微分変換すると，そのスペクトル形状は微分次数によって大きく変化する．

② 反応解析などのためには，高次微分スペクトルにおける波長領域を限定し，その波長領域に適切な条件でのスムージング処理を行う．

6 二成分系のシミュレーション

熱化学反応，光化学反応ともに，A → B 型の一次反応の例は多い．光化学反応の場合には光異性化反応が相当し，2成分系から成り立つ．また，2A → B 型の光二量化反応も2成分系である．

図 3.4a は，前述と同様な手順に従ってエクセルを用いて作成したガウス関数モデルの電子吸収帯 A および B のスペクトルシミュレーションである．それぞれは4つの基本吸収帯から成り，これらの強度比は 0.2 / 0.6 / 1 / 0.8 である．基本吸収帯の W_v は 16 nm であり，電子吸収帯 A および B での基本吸収帯の $\Delta\lambda_v$ は，それぞれ 15 nm および 13 nm にしてある．これらの値はこれまでに検討したアゾベンゼンなどの実測値を参考にしている．図 3.4b は，A お

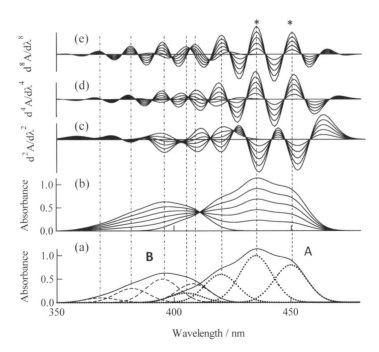

図 3.4 (a) 4つの振動準位遷移吸収帯からなる電子吸収帯 A および B，(b) A および B を 1/0，0.8/0.2，0.4/0.6，0.2/0.8 および 0/1 の比率で混合した吸収スペクトル，(c) A および B の混合体の 2 次微分，(d) 4 次微分および (e) 8 次微分スペクトル
文献1の図を日本化学会の許可を得て掲載．

第3章 紫外可視高次微分スペクトルのシミュレーション

およびBの混合比を1／0，0.8／0.2，0.6／0.4および0.4／0.6，0.2／0.8，0／1としたときの吸収スペクトルである．アゾベンゼンの光異性化反応に伴うスペクトル変化を模擬しており，等吸収点が一つ発生している．

このスペクトル変化を2次，4次および8次微分変換した結果を図3.4c，図3.4d および図3.4eに示す．微分スペクトル変化の様相は一段と複雑だが，いずれの場合も多数の等微分点の存在が確認できる．つぎに，微分スペクトル変化の特徴を詳細に眺めてみよう．第一に，吸収帯AおよびBにおける振動準位遷移吸収帯とそれぞれの微分スペクトルにおけるサブピークとの対応を取り上げる．ここで，振動準位遷移吸収帯の極大波長の位置を破線で示してある．2次微分スペクトルでのトラフ，4次および8次微分スペクトルでのピークそれぞれがこの直線からずれる程度に着目すると，2次微分における長波長側のトラフが少しずれている．4次および8次微分スペクトルでは，サブピーク波長は振動準位遷移吸収帯の位置とよい一致を示している．微分次数が大きくなるほど吸収帯の分離が良好となることを反映している．

第二に，410 nm 近辺での微分スペクトル形状に着目する．この波長領域では，Aの最短波長における振動準位遷移吸収帯とBの最長波長における振動準位遷移吸収帯との$\Delta\lambda_v$を3 nmに設定してあり，2次微分スペクトルでは両者に対応する波長での微分値の増減は判別できない．4次微分スペクトルでは，この波長領域で等微分点が認められ，8次微分では2つの近接した振動準位遷移吸収帯の波長に近い位置にサブピークが現れている．このように，2つの電子吸収帯が重なる波長領域でそれぞれを構成する振動準位遷移吸収帯が共存する結果，高次微分スペクトルではサブピークの分離能が高まるがゆえに，等微分点の数が増加する．また，近接ピークの分離を行う上で，8次微分が4次微分より効果的であることが実感できる．

第三に，等微分点がゼロ線上に乗る場合とゼロ線からずれる点に着目する．これについては，アゾベンゼンに光異性化反応を具体例として第2章第5節にすでに述べたが，ここでは，その理解を深めることを意図している．AおよびBからなる2成分系で等微分点がゼロ線上にあることは，両者いずれかの濃度が等微分点での波長で$d^n\varepsilon/d\lambda^n$がゼロであることを意味する．つまり，その波長ではいずれか一方には吸収帯が存在しない．図3.4で＊印を付した波長域では，Bの吸収はなく吸収帯はAのみである．このため，いずれの微分スペクトルにおいてもサブピーク両側の等微分点はゼロ線上にある．つまり，このサブピークはAのみから成り立つので，微分スペクトルにおけるLambert-Beer則にしたがって，そのピークでの微分値によりAの相対的な濃度を直接求めることができる．たとえば，cis 体の吸収スペクトル特性を知ることなく，アゾベンゼンの光異性化率が微分スペクトルから算出できる．

7 まとめ

これまでの微分スペクトルに関する解説，総説では，ガウス関数による単一の吸収帯を微分変換して微分スペクトル形状の説明が行われている．同様なアプローチは第1章で取り上げているが，実際の微分スペクトルの形状は吸収スペクトルとは大いに異なり，複雑である．電子吸収帯が振動準位遷移吸収帯の総和であり，微分変換によってこれらの下位レベルでの吸収帯が大なり小なり分離されるためである．本章では，電子吸収帯がいくつかの振動準位遷移吸収帯の和であるとし，ガウス関数を用いるシミュレーションによって高次微分スペクトルの形状に及ぼす因子，すなわち，振動準位遷移吸収帯の半値幅（W_v）およびそれらの波長間隔（$\Delta\lambda_v$）の効果を知ることを目的とした．

$\Delta\lambda_v$ が一定で W_v が異なる4つの振動準位遷移吸収帯のシミュレーションから，吸収スペクトルの形状は $W_v/\Delta\lambda_v$ の値によって，①振動準位遷移による微細構造をもつ，②微弱ながら微細構造が認められる，③微細構造が認められない，という3つに大別される．前二者は4次微分スペクトルでサブピークは分離できるが，微細構造が認めがたい吸収帯では，$W_v/\Delta\lambda_v$ が臨界値より大きい場合には，さらなる高次の微分変換によってもサブピークが分離されない．この第3のグループに属する吸収帯では，高次微分変換によるサブピーク分離は可能だが，微分次数によってスペクトル形状が変化する．このような場合には，複数の $4\times n$ 次数変換を行い，それぞれの微分スペクトルを相互比較して妥当性を検証するとよい．

このように，微分スペクトルの形状は微分次数によって変動するために，単一の微分スペクトルのみで解析することには注意を要する．

〈文 献〉
1) S. Kuś, Z. Marczenko, N. Obarski, *Chem. Anal.* (*Warsaw*), **41**, 899 (1996).
2) 北村，薬学雑誌，**127**, 1621 (2007).
3) K. Ichimura, *Bull. Chem. Soc. Jpn.*, **89**, 549 (2016).

第4章
紫外可視高次微分スペクトルスムージングのための
シミュレーション

1 シミュレーションの意義

　これまでの紫外可視微分スペクトルに関する文献では，単一の吸収帯モデルに基づく説明を主体とするため[1,2]，スペクトル解析に適する高次微分スペクトルを得るための具体的な手順が不明である．これが高次微分スペクトルを幅広く活用することを妨げていた．実際には，微分スペクトルは隣接する吸収帯同士の干渉によって微分次数に依存する複雑な形状となる．この状況を把握するために，第3章では，電子吸収スペクトルの吸収帯が振動準位遷移に帰属される吸収帯から構成されることに着眼し，ガウス関数としての振動準位遷移吸収帯を用いたシミュレーションを行った．複数の合成振動準位遷移吸収帯の総和を電子吸収帯とするアプローチによって，高次微分変換して得られるスペクトルでのサブピーク波長および強度比が振動準位遷移吸収帯に正確に反映されるか否かを判定できるからである．実際に，振動準位遷移吸収帯の半値幅（W_v）と振動準位遷移吸収帯間の波長間隔（$\Delta\lambda_v$）が電子吸収スペクトル形状を決定し，さらに，微分スペクトルの形状を決定づけることが確認できた．振動準位遷移吸収帯が分離されるためには，$W_v/\Delta\lambda_v$には大小ともに臨界値があることも示された．

　しかし，第3章での合成スペクトルにはノイズがない．これは現実的ではない．実際には，吸収スペクトルを高次微分変換するとノイズが著しくなり，そのままで解析に供することができないからである．一例として，アゾベンゼンヘキサン溶液中での吸収および微分スペクトルを図4.1に示す．図4.1bのように，2次微分変換したスペクトルでは，トラフの波長位置を吸収スペクトル（図4.1a）での微細構造の波長と対応付けすることは可能である．しかし，4次微分変換したスペクトルではノイズが顕著となるために，図4.1cに見るように，ピークの波長位置は特定できない．図4.1dは8次微分スペクトルだが，ノイズに埋もれたスペクトルからは何も情報を得ることができない．

第4章　紫外可視高次微分スペクトルスムージングのためのシミュレーション

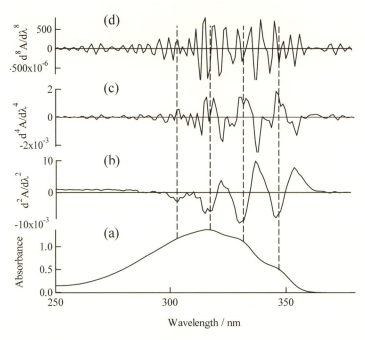

図4.1　アゾベンゼンヘキサン溶液の(a)吸収スペクトル，(b)2次微分，(c)4次微分および(d)8次微分変換したスペクトル（島津 Multispec 1500）

　このため，4次以上の高次微分スペクトルにはスムージング処理が不可欠である．さらには，微小なノイズは分光光度計の光学系に由来するので，測定に用いる分光光度計の機種が異なると，吸収スペクトルが実質的に同一であっても，微分スペクトルでのノイズの様相は大きく変動する．第5章にその具体例を示すが，いずれの分光光度計を用いても妥当な範囲で同じ形状の微分スペクトルを得るためには，スムージングの適切な処理条件を選択する必要がある．

　これまでの文献には，微分スペクトルのスムージングに関する系統的な解説は見当たらない．むしろ，不可欠なスムージングが微分スペクトルの信頼性を損なうと示唆する文献もある．こうした実情を踏まえて，本章ではノイズを含む合成スペクトルを用いる高次微分変換シミュレーションに基づいて，妥当なスムージング設定条件を提示することを目的とする[3,4]．

2　ノイズを含むスペクトルのスムージング

　はじめに取り上げるシミュレーション用の合成スペクトルは，第3章の図3.1(b1)で示したものである．この電子スペクトルはガウス波形としての4つの振動準位遷移吸収帯から成り，それらの相対強度比は 0.2 / 0.6 / 1.0 / 0.8 である．W_v および $\Delta\lambda_v$ はアゾベンゼンの場合を参考にして 16 nm および 14 nm に設定してある．これらの4つの振動準位遷移吸収帯の和が吸収スペクトルに相当し，図4.1に示すアゾベンゼンに類似して，微弱ながら微細構造が認められ

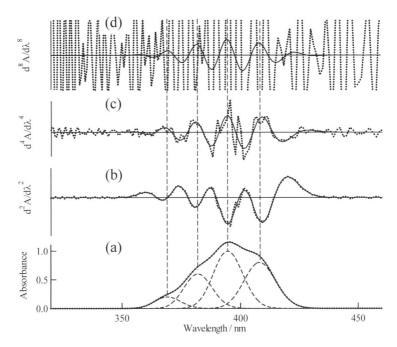

図4.2 (a) $Wv=16\,\mathrm{nm}$, $\Delta\lambda_V=14\,\mathrm{nm}$ の4つの振動準位遷移吸収帯（破線）から成る参照（実線）および合成（点線）吸収スペクトル，および，それらの(b) 2次微分，(c) 4次微分，(d) 8次微分スペクトル

る．この吸収スペクトルの$\lambda_{\max}$での吸光度をおよそ1とした．以下，このノイズフリーのスペクトルを参照スペクトルと呼ぶ．つぎに，市販の紫外可視分光光度計の精度がおよそ Abs = ±0.001 であることを考慮し，この参照スペクトルに 0.001 の乱数を足し上げてノイズを含むスペクトルとした．これを合成スペクトルと呼ぶことにする．

図4.2a には，このようにして得られた参照スペクトル（実線）および合成スペクトル（点線）が重ね書きされているが，実質的に区別がつかない．なお，4つの振動準位遷移吸収帯を破線で示している．図4.2b，図4.2c，図4.2d は，参照および合成スペクトルの2次，4次および8次微分スペクトルである．2次微分合成スペクトルではノイズの影響は大きくないが，4次微分になるとノイズによるスペクトル形状の変形が目立つ．8次微分では，参照スペクトルは合成スペクトルの著しいノイズに埋没し，何らスペクトル情報を得ることができない．このように，±0.001 の精度では4次以上の高次微分スペクトルをそのままで解析に用いることができないことが実感できる．

Savizky-Golay 法は重みつき移動平均法の代表例であり，データが多項式に適合するとし，2乗誤差を最小にするように係数を決める方法である[1,5]．本シリーズでは，データ解析ソフト（Igor Pro）を用いる Savizky-Golay 法によってスペクトルのスムージングを行う．このため，メニューバーから［Analysis］を開き，［Smooth］での［Savizky-Golay］を選定し，多項式

第4章 紫外可視高次微分スペクトルスムージングのためのシミュレーション

次数とポイント数という2つの係数を選択する．前者では2次と4次のいずれかとする．なお，本シリーズでは前者を$2s$，後者を$4s$と表記する．重要な点はスムージングを行うデータ数の選択であり，注目する点を中心としてその前後にそれぞれにm個の点を一つの組とする．このとき，$1+2m$をフィルター幅あるいは微分ウインドーなどと呼ぶ．本シリーズでは，微分フィルター幅であるポイント数をpと表記する．スムージングの手順としては，点Aに関してその前後m個のデータを一つのセットとするフィルター幅$p=1+2m$でAにおける平均値を求め，ついで，つぎの点A+1へ移動して同様な処理を行う．これを波長領域全体で行った結果を全波長に対してプロットした図がスムージング処理された微分スペクトルとなる．$p=1+2m$として5から25までを選択する．

微分スペクトルに関する文献には，sおよびpの具体的な設定指針についての記述がない[1,2]．また，市販分光光度計に吸収スペクトルの微分変換ならびにSavizky-Golay法によるスムージング機能が装備されているものの，取扱説明書にはsとpの選択基準について具体的な記述がない．そこで，文献3にしたがってスムージング手順を以下に記す[3]．

多項式次数sについては，一般的に次数が高いほどシャープで幅が狭いスペクトル形状になる．pに関しては，隣接する振動準位遷移吸収帯におけるそれぞれの波長間隔（$\Delta\lambda_r$あるいは$\Delta\lambda_v$）を考慮することが重要である．たとえば，$\Delta\lambda_v=7$ nmのように，隣接する吸収帯の波長間隔が狭いスペクトルを考える．$p=1+2\times7=15$でスムージングすると，隣接する吸収帯ピークを含む処理を行うことになる．このため，隣接する吸収帯の干渉が起こってスペクトル形状が変形する．一方，$p=1+2\times5=11$であれば，隣接するピークは平均化処理にかかわらないので，スペクトル形状の変形が避けられる．つまり，適切なスムージングを行うためには，次式(1)

$$p < 1 + 2 \times \Delta\lambda_v \tag{1}$$

が必要条件となる．

一方，スムージングのためには2つの隣接ピークを融合させればいいから，フィルター幅$1+2m$におけるmの値を$\Delta\lambda_n$以上にすればいい．つまり，$p>1+2\times\Delta\lambda_n$である．したがって，式(1)を考慮すると，スムージングにおけるpの選択を式(2)に準じて行えばよいことになる[3,4]．これがスムージングの設定条件に他ならない．

$$1 + 2 \times \Delta\lambda_v > p > 1 + 2 \times \Delta\lambda_n \tag{2}$$

たとえば，$\Delta\lambda_v$が14 nmである図4.2の微分スペクトルの場合は$p<1+2\times14=27$であり，p値の選択の幅は非常に広い．後述するように，ノイズの状況に応じてできるだけ小さなp値を選択すればよい．

3　ノイズを含む合成スペクトルのスムージング手順

　図4.2に示した4次微分スペクトルと8次微分スペクトルを取り上げて，式(2)に基づくスムージングの具体的な手順を記す．pを選択する際に，筆者は吸収がない波長領域でのノイズに着目する．たとえば，図4.2aでの吸収がない波長領域におけるノイズを拡大すると，隣接するノイズピーク間の最大波長間隔（$\Delta\lambda_n$）は9 nmと見積もられる．したがって，式(2)に準じてフィルター幅$1 + 2m$におけるmの値を$\Delta\lambda_n > 9$にすればよい．つまり，$p > 1 + 2 \times 9 = 19$である．

　図4.3は，図4.2の4次および8次微分スペクトルを$p = 1 + 2 \times 9 = 19$でスムージングを行った結果である．図4.3(a1)は$s = 2$，$p = 19$という条件で処理したスペクトルだが，まだノイズが残っている．そこで，同じ処理条件を繰り返して得たスペクトルが図4.3(a2)である．合成4次微分スペクトル（点線）は，対応する参照スペクトル（実線）より全体的に強度が小さいが，ピーク波長および相対的なピーク強度はほぼ変わらない．一方，$s = 4$，$p = 19$という条件でスムージング処理を施した結果を図4.3(b1)および図4.3(b2)に示す．スムージング後の合成スペクトルは参照スペクトルとよく一致している．図4.2dに見るように，8次微分合成スペクトルのノイズが著しく，$s = 4$，$p = 19$での1回目でのスムージングではノイズが残存している（図4.3(c1)）．2回目の処理でもスムージングは不十分だが，3回目のスムージングによって参照スペクトルの形状にほぼ一致する．

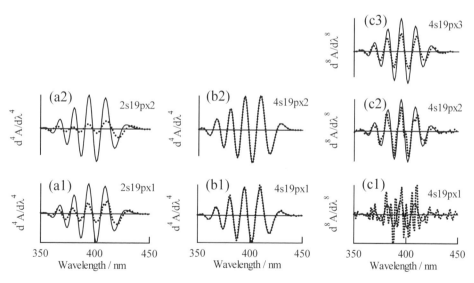

図4.3　図4.2の4次微分スペクトル（図4.2c）および8次微分スペクトル（図4.2d）のスムージング処理によるスペクトル形状の変化
スムージング条件は本文参照．

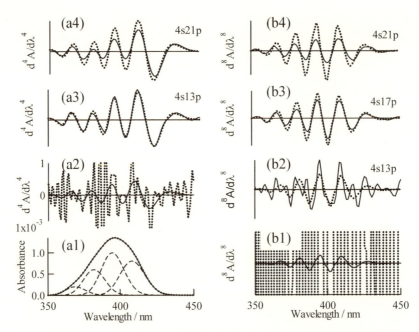

図 4.4　W_v=19 nm, $\varDelta\lambda_v$=14 nm の振動準位遷移吸収帯（破線）から成る参照（実線）および合成（点線）吸収スペクトル，ならびに，それらの 4 次および 8 次微分スペクトル
スムージング処理は本文参照．文献 2 の図を日本化学会の許可を得て掲載．

以上に示したシミュレーションスペクトルでは，W_v = 16 nm, $\varDelta\lambda_v$ = 14 nm に設定してあり，微分スペクトルでは振動準位遷移による吸収帯が明瞭に分離されている．隣接する振動準位遷移吸収帯の重なりの程度が大きいときに微分スペクトルでのピーク分離がどうなるかを知ることは，実際のスペクトル解析を行ううえで重要である．そこで，$\varDelta\lambda_v$ = 14 nm と変えず，W_v = 19 nm としたときの高次微分スペクトルの形状ならびにスムージングによる結果がどうなるかを見てみよう．その結果を図 4.4 にまとめる．吸収スペクトルにはもはや微細構造は認められない（図 4.4(a1)）．4 次微分変換した合成スペクトルはノイズが顕著であり（図 4.4(a2)），スムージングを要する．上記のように，吸収がない波長領域でのノイズピーク間での最大波長間隔 $\varDelta\lambda_n$ は 6 nm 程度なので，式(2)にしたがって，p は 13 以上であればよい．図 4.4(a3) は，s =4, p =13 でスムージングを行ったスペクトルである．合成スペクトルは参照スペクトルによく一致しており，4 つのピークの波長は振動準位遷移吸収帯の極大波長に対応している．しかしながら，4 次微分スペクトルにおける相対的なピーク強度は再現されていない．また，s = 4, p = 21 での結果を図 4.4(a4) に示すが，合成スペクトルのピーク強度は全体的に低下しているものの，そのスペクトル形状は s = 4, p = 13 でのスムージングの場合とほとんど変わっていない．

8 次微分参照スペクトルは対応する合成スペクトルに完全に埋没している（図 4.4(b1)）．

$s = 4$, $p = 13$ では合成スペクトルのスムージングは不十分だが（図4.4(b2)），$p = 17$ あるいは $p = 21$ での処理によって良好な8次微分スペクトルが得られる（図4.4(b3) および図4.4(b4)）．ここで留意すべき点は，8次微分スペクトルでのピーク形状は振動準位遷移吸収帯に比較的よく対応していることである．微分次数が高いほどピーク幅が狭まるためである．このように，4次微分とともに8次微分も行って，両者のスペクトル形状を比較することは重要である．

第5章以降に取り上げる高次微分スペクトルは，以上に述べた手順にしたがって得ている[7-11]．吸収スペクトルからは振動準位遷移吸収帯の W_v ならびに $\Delta\lambda_v$ を知ることができないので，複数の偶次数微分変換したスペクトルについてスムージングを行い，得られたスペクトル形状を相互比較して最適な条件を設定している．

4 2つの吸収帯からなる合成スペクトルのスムージング

振動準位遷移吸収帯の W_v の大きさが微分スペクトルの形状に大きな影響を与え，微分次数が増大するほど，その影響は甚大となる．前節で検証した合成スペクトルは，振動準位遷移吸収帯から構成される単一の電子吸収帯を対象にしている．このような条件でのシミュレーションでは，実際の電子吸収スペクトルの微分スペクトルへの変換に関する問題点を明らかにすることに限界がある．その意味で，第3章第5節で取り上げたように，振動準位遷移吸収帯の半値幅が異なる2つの電子吸収帯から構成される合成スペクトルのシミュレーションが大きな意味を持つ．また，この2つの吸収帯は2つの電子遷移，すなわち，$S_0 \to S_1$ と $S_0 \to S_2$ に対応すると捉えることができる．

図4.5は，この $S_0 \to S_1$ と $S_0 \to S_2$ を模した合成スペクトルおよび2次，4次および8次微分変換したスペクトルである．$S_0 \to S_1$ 吸収帯を構成する4つの振動準位遷移吸収帯では $W_v = 16$ nm および $\Delta\lambda_v = 15$ nm であり，$S_0 \to S_2$ 吸収帯での振動準位遷移吸収帯では $W_v = 7$ nm および $\Delta\lambda_v = 6$ nm である（図4.5a）．また，それぞれの振動準位遷移吸収帯の吸光度比は 0.8 / 1.0 / 0.6 / 0.2 にしてある．図4.5b に示した2次微分スペクトルでは，ノイズのある合成スペクトルは参照スペクトルとほぼ一致しており，スムージング処理を行うことなく振動準位遷移吸収帯の特性をおおまかに把握することができる．4次微分スペクトルでは（図4.5c），短波長領域での $S_0 \to S_2$ における振動準位遷移吸収帯は鋭く分離されており，合成および参照スペクトルはよく一致している．W_v が7 nmと狭いので，$d^4A / d\lambda^4$ の値が $S_0 \to S_1$ 吸収帯の場合より相対的に大きいためである．一方，$S_0 \to S_1$ 吸収帯では合成スペクトルのノイズが顕在化している．8次微分スペクトルでは（図4.5d），$S_0 \to S_2$ 吸収帯での振動準位遷移吸収帯は依然として良好に分離されているが，$S_0 \to S_1$ 領域でのノイズは一段と顕著となり，参照スペクトルの微分値は相対的に大幅に小さい．このため，4次および8次微分スペクトルを得るためにはス

第4章 紫外可視高次微分スペクトルスムージングのためのシミュレーション

ムージングが不可欠となる．

図4.6に，4次微分スペクトルにおけるスムージング条件とスペクトル形状との相関を示す．ここで考慮すべきことは，式(1)の $p < 1 + 2 \times \Delta\lambda_v$ という条件である．$S_0 \to S_1$ での $\Delta\lambda_v =$ 15 nm, $S_0 \to S_2$ での $\Delta\lambda_v = 7$ nm を考慮すると，p の値として前者では31以下，後者では15

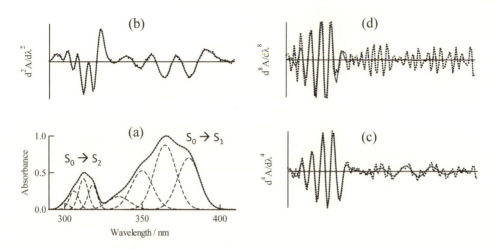

図4.5 (a) $S_0 \to S_1$ および $S_0 \to S_2$ 遷移を模擬した吸収スペクトルおよび(b) 2次微分，(c) 4次微分および(d) 8次微分変換したスペクトル
$S_0 \to S_1$ の振動準位吸収帯では $W_v = 16$ nm, $\Delta\lambda_v = 15$ nm であり，$S_0 \to S_1$ の振動準位吸収帯では $W_v = 7$ nm, $\Delta\lambda_v = 6$ nm である．実線：参照スペクトル，点線：合成スペクトル，破線：振動準位遷移吸収帯．スムージング処理は本文参照．文献2の図を日本化学会の許可を得て掲載．

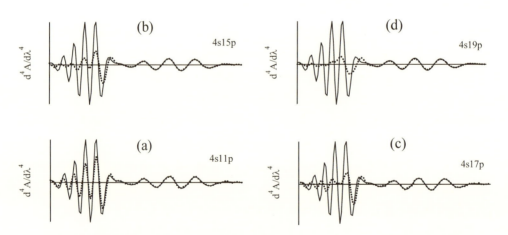

図4.6 (a) $S_0 \to S_1$ および $S_0 \to S_1$ 遷移を模擬した4次微分スペクトルのスムージング
実線は参照スペクトル，点線はノイズを含む合成スペクトル．スムージング処理は本文参照．

以下とする必要がある．したがって，$\Delta\lambda_v$ が小さい $S_0 \rightarrow S_2$ でのスムージングのためには，p は 15 以下でなければならない．図 4.6a は $p = 11$ でのスムージングの結果だが，$S_0 \rightarrow S_2$ での合成スペクトルのピーク波長は参照スペクトルでの波長とよく一致しており，かつ，$S_0 \rightarrow S_1$ でのノイズが大幅に減少している．$p = 15$ では $S_0 \rightarrow S_1$ での合成スペクトルは参照スペクトルと一致しているが，$S_0 \rightarrow S_2$ 帯での合成スペクトルの微分値が大幅に小さく，しかも，ピーク波長が完全には一致していない（図 4.6b）．p が 17 あるいは 19 では，$S_0 \rightarrow S_1$ での合成スペクトルの波形は参照スペクトルとほぼ一致しているものの，合成スペクトルでの $S_0 \rightarrow S_2$ は参照スペクトルからずれが大きい（図 4.6c および図 4.6d）．以上の結果から式(1)の妥当性が明らかとなる一方で，スペクトル全体を同一条件下でスムージングするためには，$s = 4$，$p = 11$ または 13 が適切な条件だと判定できる．

　図 4.7 は 8 次微分スペクトルのスムージングの結果である．4 次微分スペクトルに比較するとノイズが大幅に増大するので，p の最適化にはさらなる留意を要する．式(1)にしたがって $p = 11$ を選択すると，図 4.7a のように，短波長での合成スペクトルは参照スペクトルと良く一致するが，長波長領域のピークはほぼゼロラインに乗っている．図 4.7b は $p = 15$ での結果だが，$S_0 \rightarrow S_2$ における参照スペクトルからのずれが無視できない．$p = 19$ でのスムージングスペクトルを図 4.7c に示すが，$S_0 \rightarrow S_2$ における不一致は甚だしく顕著となる．以上は $S_0 \rightarrow S_2$ における結果だが，通常のスペクトル解析は長波長での $S_0 \rightarrow S_1$ 帯によって行われるので，以

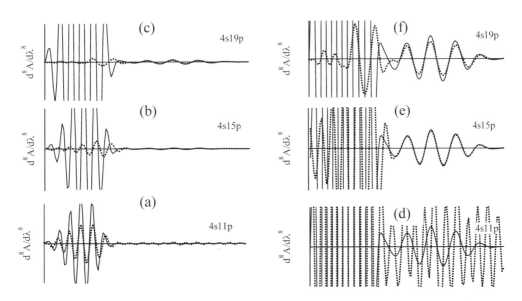

図 4.7 (a) $S_0 \rightarrow S_1$ および $S_0 \rightarrow S_2$ 遷移を模擬した 8 次微分スペクトルのスムージング
実線は参照スペクトル，点線はノイズを含む合成スペクトル．スムージング処理は本文参照．
文献 2 の図を日本化学会の許可を得て掲載．

上のスペクトルの縦軸を拡大した結果をそれぞれ図 4.7d, 図 4.7e および図 4.7f に示す. $p = 11$ でのスムージングでは合成スペクトルの長波長領域のノイズが大きく, 解析に用いることができない (図 4.7d). $p = 15$ では, 合成スペクトルは参照スペクトルと一致しており (図 4.7e), $p = 19$ でのスムージングも双方の波形は良好な類似性を示している (図 4.7f).

このように, 高次微分スペクトルを扱うにあたっては, 式(2)を考慮した条件でスムージングを行い, 適切な p 値を選択すればよい. ここで重要なことは, 単一の p 値でスペクトル全体のスムージング処理を行うのではなく, 注目する吸収帯領域にとって最適な p 値を設定することである.

5 吸収帯の選択とスムージング条件

前節のシミュレーションの手順を基にして, アゾベンゼンのトランス体からシス体への光異性化反応に伴う吸収スペクトル変化を取り上げる. このスペクトル変化については, 第 2 章第 5 節の図 2.9 に取り上げたが, 短波長領域と長波長領域に分けて微分変換したスペクトルを詳細に検討する.

図 4.8a には 200 nm から 250 nm での短波長領域での吸収スペクトル変化, ならびに, いくつかの条件でスムージングを行った 4 次微分のスペクトル変化の様子を示す. 図 4.8b は吸収スペクトル変化を 4 次微分変換したスペクトル変化である. ベンゼン環由来の各ピークの幅は狭く $dA/d\lambda$ の値が相対的に大きいので, スムージング処理なしでも多くの等微分点を通る様子が読み取れる. 210 nm 以下に 2 つのピークが増減しているが, その波長間隔が 3 nm で

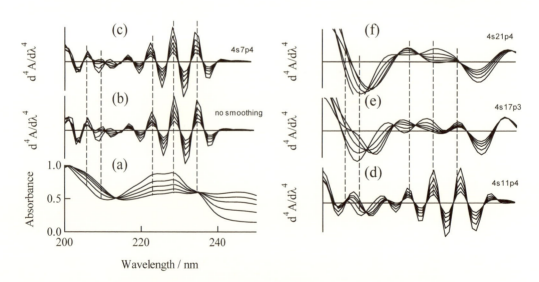

図 4.8 ヘキサン溶液中でのアゾベンゼンの光異性化反応に伴う短波長領域での(a)吸収スペクトル変化および(b)未処理, (c) $p=7$, (d) $p=11$, (e) $p=17$ および(f) $p=21$ での 4 次微分スペクトル変化

あることを考慮に入れて $p = 1 + 2 × 3 = 7$ でスムージングした結果が図4.8cである．図4.8b のスペクトル変化の形状とほとんど変わらず，式(1)の妥当性が確認される．図4.8dは $p = 11$ でスムージングを施した結果だが，220 nmから250 nmでのピークの形状ならびに波長は図 4.8cとほとんど変化がないが，210 nm以下ではスペクトル形状が変形している．これは， 220 nmから250 nmの波長領域での各ピーク間の波長間隔は約 6 nmであり，$p = 1 + 2 × 6 = 13$ より小さい p の値を用いているからである．この $p = 13$ を大幅に越えた $p = 17$ または 21 でのスムージングでは，図4.8eおよび図4.8fに見るように，この短波長領域全体にわたって スペクトル形状が変形している．ただし，いずれの場合も等微分点を通っている．これは，こ の光照射条件では2つの異性体のみが関与していることを明示している．たとえば，光酸化反 応のような副反応が起こる場合には，この短波長領域での微分スペクトル変化は等微分点から ずれる．従来の吸収スペクトルによる反応解析では，こうした短波長領域でのスペクトル変化 は無視されてきたが，高次微分スペクトル解析では，短波長領域でのスペクトル変化から有益 な情報が得られる．

図4.9は，280 nmから380 nmでの波長領域におけるスペクトル変化である．図4.9aに示す 吸収スペクトル変化を4次微分変換した図4.9bでは，ノイズのために振動準位遷移吸収帯に 帰属されるサブピークの特徴付けを行うことができない．2次微分スペクトルの形状から，振 動準位遷移吸収帯の波長間隔は約 15 nmと見積もることができるので，$p = 1 + 2 × 15 = 31$ から広範囲の p 値を選択することができる．図4.8に示す短波長領域のスムージングで用いた p 値でスムージング処理した結果を図4.9cから図4.9fに示す．$p = 7$ あるいは11でもノイズは

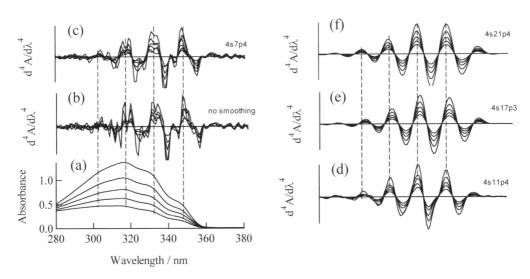

図4.9 ヘキサン溶液中でのアゾベンゼンの光異性化反応に伴う長波長領域での (a)吸収スペクトル変化および4次微分スペクトル変化に対する p 値の 影響．(b)未処理，(c) $p=7$, (d) $p=11$, (e) $p=17$ および(f) $p=21$.

十分に消去できないが，$p = 17$ では円滑なスペクトル変化が得られている．ここでは示していないが，$p = 13$ あるいは 15 ですでに円滑なスペクトル形状が得られているので，この波長領域での最適な円滑化条件は，$s = 4$，$p = 13$ あるいは 15 だと判定できる．

　以上の結果から分かるように，p 値の選択の際には，分析あるいは解析のための波長領域を選定し，式(2)に基づいて p 値を推定すればよい．

6　まとめ

　紫外可視微分スペクトルのこれまでの利用形態の多くは 1 次あるいは 2 次微分であり，4 次以上の高次微分スペクトルを分光分析に活用する例は少ない．その主たる理由の一つが，高次微分変換によって発生する大きなノイズに対する否定的な見解にあったと考える．ノイズは，分光光度計そのものに由来する場合と測定条件に起因する場合とある．本章では，ノイズを低減するために不可欠なスムージングを取り上げた．

　このスムージングで考慮すべき基本の一つが p 値の選定である．ノイズを含む合成スペクトルを用いるシミュレーションにより，$1 + 2 \times \Delta\lambda_v < p < 1 + 2 \times \Delta\lambda_n$ が Saviszky-Golay 法での円滑化処理の基本であることを示した．Savizky-Golay 法による円滑化の多項式次数 s および微分フィルター幅 p を最適に選択することによって，4 次および 8 次微分スペクトルを用いる分析もしくは解析は十分に可能である．ここで留意すべき点は，吸収スペクトルは $\Delta\lambda_v$ が異なる振動準位遷移吸収帯から構成される複数の吸収帯から成り立っていることである．$\Delta\lambda_v$ が異なれば，p の最適値も異なる．したがって，分析あるいは解析のための吸収帯を選定し，その波長領域に適した s および p を選択して微分変換スペクトルのスムージングを行えばよい．

〈文　献〉
1) S. Kuś, Z. Marczenko and N. Obarski, *Chem. Anal.* (Warsaw), **41**, 899 (1996).
2) 木村，薬学雑誌，**127**, 1621 (2007).
3) K. Ichimura, *Bull. Chem. Soc. Jpn.*, **89**, 549 (2016).
4) K. Ichimura, *Bull. Chem. Soc. Jpn.*, **90**, 411 (2017).
5) a) A. Savitzky and M. J. E. Golay, *Anal. Chem.*, **36**, 1627 (1964); b) M. U. A. Bromba and H. Ziegler, *Anal. Chem.*, **53**, 1583 (1981).

第5章
紫外可視高次微分スペクトルの再現性および信頼性

1　高次微分スペクトルに対する懸念を払拭する

　微分スペクトルを活用した興味深い報告がある．浮世絵の彩色に使われている青色顔料の種類を非破壊的に特定するために，拡散反射スペクトルを測定し，ついで，スムージング処理を施した2次微分スペクトルに変換する内容である[1]．この方法によって，一枚の浮世絵に複数の青色顔料が用いられていることが明らかにされた．一方で，紫外可視吸収スペクトル測定をルーチンに行う光化学や材料研究に携わる研究者は，その微分スペクトルをほとんど活用していない．筆者は4次，8次微分，さらには，12次微分したスペクトルによる光反応挙動の解析を物理化学系学術誌に投稿したことがある．予想していたことではあったが，見事にリジェクトされた．その理由は，8次あるいは12次微分すると，それぞれの吸収帯に由来するサテライトピークが微分次数に応じて増加し，あまりに複雑化するために解析へ疑念がある，との指摘であった．一方，他のレフェリーは掲載を推薦してくれたものの，高次微分スペクトルについての知見に乏しい，と想像された．つまり，二人のレフェリーともに，高次微分スペクトルには直接関与していないと推量された．結局，その論文は他の学術誌へ投稿して掲載されたが，この貴重な体験が動機付けとなり，高次微分スペクトルの妥当性を実証することを意図し，スペクトルシミュレーションに基づいて詳細に検討した．その結果が第3章および第4章に相当する[2]．

　しかし，微分スペクトルが十分に活用されていない実状を考えると，高次微分スペクトルの再現性および信頼性をさらに明快に提示することが不可欠である．第3章および第4章では，吸収スペクトルを高次微分スペクトルに変換する具体的な手順を提示しているが，今一つ取り上げるべき課題は，スペクトル測定を行う際の懸念を払拭することである．同じ分光光度計であっても，スキャンスピード，スリット幅，測定波長間隔といった測定条件が異なると，スペ

第5章　紫外可視高次微分スペクトルの再現性および信頼性

クトル形状に変動が起こりうるからである．実際に，こうした状況を踏まえて再現性の欠如を指摘する文献がある[3]．さらに，分光光度計の機種により光学系は異なるので，分光光度計での微分スペクトルの再現性を問題視する向きもある．吸収スペクトルではこれらの事項が問題となることはないが，ノイズが大幅に増強される高次微分スペクトルにおいては，以上の指摘あるいは疑念は不可避であろう．

　それでは，こうした疑念あるいは懸念を払拭するために，どのようなアプローチを行えばいいか．筆者が行った方法は単純である．測定方式が異なり，かつ，メーカーも異なる分光光度計を用いて同一サンプルの吸収スペクトルを測定し，それらから誘導される高次微分スペクトルが実質的に同じであることを提示すればいい，と考えた．本章では，6種類の分光光度計によって得られた吸収スペクトルは，第4章に提示した手順に従ってスムージングを行うことによって実質的に同一となることを明らかにする[4]．さらに，微分値を用いるLambert-Beer則に基づく定量分析の妥当性についての検証も行う．

2　紫外可視分光光度計ならびに測定サンプル

　分光光度計では，光源からの光を回折格子で単色光に分光し，試料から透過した光を検出して吸収スペクトルのデータを出力する．分光光度計の種類として，試料室に試料用と参照用の2つのセルホールダーがあるダブルビーム方式とセルホールダーが一つのシングルビーム方式がある．ダブルビーム方式には，一つの回折格子からなるシングルモノクロメーター型と2つの回折格子から構成されるダブルモノクロメーター型がある．前者は広く利用されている一方で，後者では迷光が大幅に低減されて単色光の純度が高く，吸光度が大きなサンプルの測定に適しているとされる．シングルビーム方式としては，フォトダイオードアレー分光光度計がある．検出器として光起電力効果に基づくフォトダイオードをフォトダイオードアレーとして用いた装置であり，多波長を同時に検出することができる．また，試料を入れたセルを光照射しながら吸収スペクトル測定を短時間で行う利点があり，スペクトルの時間変化を迅速に追跡できる点に大きな魅力がある．

　本章で取り上げる分光光度計を表5.1にまとめる．メーカーが異なる6種類の分光光度計だが，ダブルビーム・シングルモノクロメーター方式として3つの機種を取り上げた．また，光化学反応を追跡するうえで便利なダイオードアレイ分光光度計として2種類を用いている．定量分析に広範な吸光度が利用可能とされるダブルビーム・ダブルモノクロメーターについても検討した．これらの分光光度計を用いて3か所で異なるオペレーターによって測定され，スリット幅およびスキャン速度はそれぞれが常時測定に供されている条件であり，統一されていない．

　測定に供した化合物は図5.1に示すホルミルスチルバゾリウム塩（F-SbQ）であり，吸光度

表 5.1　本章で用いる UV-VIS 分光光度計

分光光度計	測光方式	スリット幅	スキャン速度
日本分光；V-760	ダブルビーム／ダブルモノクロメーター	2 nm	200 nm/分
日本分光；V-730	ダブルビーム／シングルモノクロメーター	2 nm	400 nm/分
日本分光；V-670	ダブルビーム／シングルモノクロメーター	1 nm	200 nm/分
日本分光；V-550	ダブルビーム／シングルモノクロメーター	1 nm	400 nm/分
アジレントテクノロジー；8453	フォトダイオードアレイ	1 nm	1.5 秒
島津製作所；Multispec 1500	フォトダイオードアレイ	—	メディアム

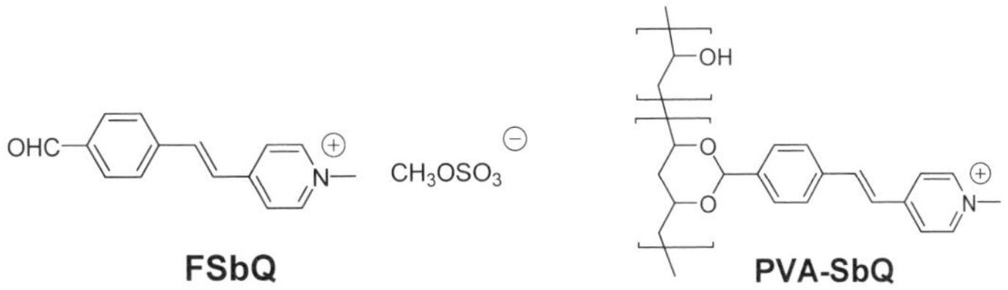

図 5.1　F-SbQ および PVA-SbQ

がほぼ1となるように調製した水溶液を測定サンプルとした．その理由は以下の通りである．第一に，F-SbQ は実用に供せられている水溶性感光性ポリマー PVA-SbQ の原料であり，この原料ならびに感光性ポリマーの光反応挙動について高次微分スペクトルによって詳細に検討済みであることが挙げられる[5]．第二に，その微分スペクトルでは振動準位遷移に帰属されるサブピークが明瞭に分離され，異なる分光光度計から得られる微分スペクトルを比較するうえで好適である．第三に，F-SbQ は水溶液中で光異性化反応を起こすので，その速度論を高次微分スペクトルで検討することができる．

そこで，6種類の分光光度計で得られた吸収スペクトルを λ_{max} = 343 nm での吸光度が1になるように規格化し，データ解析ソフト（Igor Pro）によって微分変換を行って2次，4次および8次微分スペクトルを得た．分光光度計それぞれには微分変換ならびにスムージング処理機能が備わっているが，データ解析ソフトを用いることによってデータ処理条件を同一とした．

3　偶次数微分スペクトル形状はどのように分光光度計に依存するか

図 5.2a に示す F-SbQ の吸収スペクトルは，複数の分光光度計でのスペクトルを重ねた結果であり，十分に一致している．図 5.2b は，それぞれの吸収スペクトルを2次微分変換した結果である．V-760 を用いた2次微分スペクトルは最も乱れのない形状を保つ一方で，V-730 による2次微分スペクトルでは 340 nm および 370 nm 近辺にノイズが発生している．V-670 で

第5章 紫外可視高次微分スペクトルの再現性および信頼性

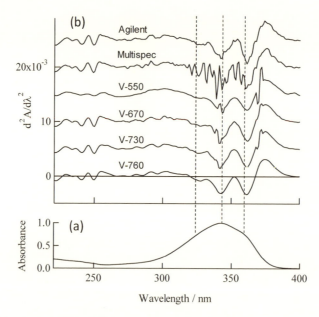

図5.2 (a) F-SbQ水溶液の吸収スペクトル，(b)各分光光度計での2次微分スペクトル
文献4の図を日本化学会の許可を得て掲載．

のスペクトルは比較的ノイズが小さいが，V-550では，372 nm近傍に大きなノイズが顕在化している．Agilent 8453で得られる2次微分スペクトルではノイズは比較的小さいが，同じフォトダイオードアレー分光光度計であるMultistep 1500では，310 nmから370 nmにかけてのノイズが大きく，V-760などで検出されるトラフとの対応付けができない．この結果だけから判断すると，微分スペクトルの信頼性あるいは再現性に対して疑念を抱くのは無理からぬところではある．そこで，スムージング処理による検証が必要となる．

スムージング条件の設定は，第4章第2節に記した下記の式(1)により行った[6]．ここで，$\Delta\lambda_v$は振動準位遷移吸収帯の波長間隔であり，$\Delta\lambda_n$は吸収がない波長領域でのノイズの最大波長間隔であり，ノイズピーク間の波長間隔である．この式にしたがって，データ数（フィルター幅）pを選択する．

$$1 + 2 \times \Delta\lambda_v < p < 1 + 2 \times \Delta\lambda_n \tag{1}$$

2次微分スペクトルでの$\Delta\lambda_n$を見積もるために，FSbQによる吸収がない400 nmから460 nmの波長範囲のスペクトルを図5.3に示す．縦軸の数値は統一してあり，分光光度計の種類によってノイズの大小の差が大きいことが良く分かる．いずれの分光光度計でもっとも大きなノイズ間隔$\Delta\lambda_n$はおよそ6 nmなので，$p > 1 + 2 \times 6 = 13$の条件でスムージングを行えばいい．そこで，すべてのスペクトルに関して，多項式次数sを4，データ数pを13として2回スムージング処理を繰り返した．その結果を図5.4にまとめる．V-550のスペクトルのみが

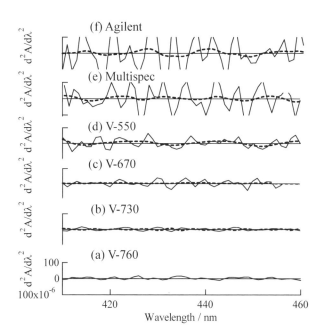

図 5.3 (a) V-760, (b) V-730, (c) V-670, (d) V-550, (e) Multispec 1500 および (f) Agilent 8453 で測定した FSbQ の吸収スペクトルを二次微分変換した吸収末端以上の波長領域におけるスムージング処理前（実線）および後（点線）でのスペクトル形状

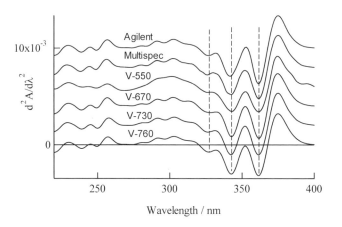

図 5.4 スムージング処理後の FSbQ の 2 次微分スペクトル
文献 4 の図を日本化学会の許可を得て掲載.

250 nm 近辺の波長領域での凹凸が小さいが，300 nm 以上の波長領域では，6 つの 2 次微分スペクトルの形状には大きな違いはなく，トラフの波長はよく一致している．

図 5.5 は，4 次微分スペクトルへ変換した結果である．V-760 でのスペクトルは全波長領域で最もノイズが小さいが，スペクトル解析を行うためにはスムージングを要する．V-730，V-670 および V-550 では，340 nm および 370 nm 近辺のノイズが顕著に増大している．一方，

第5章 紫外可視高次微分スペクトルの再現性および信頼性

Agilent 8453 では全体的にノイズが増大し，Multispec 1500 での 4 次微分スペクトルは，約 310 nm 以上の領域でのノイズが顕著となり，たとえば，V-760 による 4 次微分スペクトル形状との対応付けができない．そこで，それぞれのスペクトルを $p = 19$ でスムージングした．その結果を図 5.6 にまとめる．300 nm 以上の領域では，吸収スペクトルでの $\lambda_{max} = 343$ nm の吸収帯を構成する 4 本の振動準位遷移吸収帯が分離し，ほぼ同じ形状を示している．

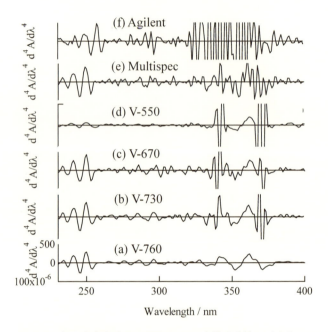

図 5.5　各分光光度計での FSbQ の 4 次微分変換スペクトル
文献 4 の図を日本化学会の許可を得て掲載．

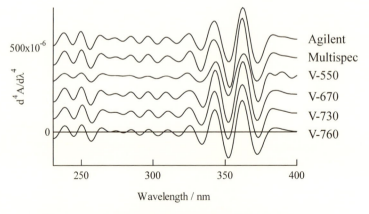

図 5.6　スムージング処理後の FSbQ の 4 次微分スペクトル
文献 4 の図を日本化学会の許可を得て掲載．

3 偶次数微分スペクトル形状はどのように分光光度計に依存するか

さらに微分次数が大きな 8 次微分スペクトルでの結果を図 5.7 にまとめる．いずれもノイズが著しく増大し，このままでは絶望的ですらある．しかしながら，$p = 23$ でスムージングを行うと，図 5.8 にまとめたように，分光光度計の種類を問わず，8 次微分スペクトルの形状は相互によい一致を示している．さらに，300 nm 以上の領域でのサブピーク波長は 4 次微分ス

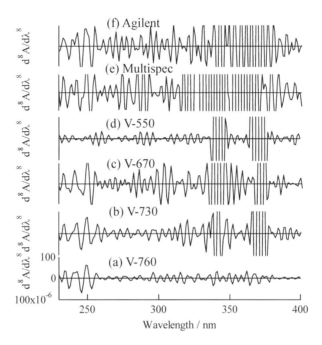

図 5.7　各分光光度計での FSbQ の 8 次微分変換スペクトル
文献 4 の図を許可を得て掲載．

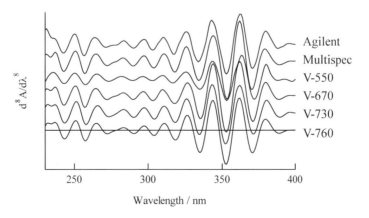

図 5.8　スムージング処理後の FSbQ の 8 次微分スペクトル
文献 4 の図を許可を得て掲載．

ペクトルにおける値と合致する．したがって，機種あるいは測光方式が異なる紫外可視分光光度計を用いても，適切なスムージング処理によって再現性のある高次微分スペクトルを得られると結論される．言い換えると，高次微分スペクトルにおける再現性が確認されたことになる．一方，高次微分変換を行うと全体的にノイズが増大するだけでなく，光源切り替えや光学系に由来すると思われるノイズがさらに顕著となる．したがって，調整が不十分な分光光度計では局所的なスパイク状のノイズが発生する可能性があるので，この点を十分に留意する必要がある．

4　定量分析に適用できる微分値の範囲

Lambert-Beer 則が微分スペクトルでも成り立つので，スペクトルでの微分値によって定量分析が可能である．吸収スペクトルによる定量分析では，着目する波長での吸光度はおよそ1以下とすることが原則である．一方で，吸光度があまりに小さい場合には，ノイズが相対的に大きくなるので吸光度に下限がある．それでは，微分スペクトルを定量分析に利用する場合には，微分値の上限および下限をどのように考慮すればいいだろう．結論的に言えば，定量分析に適切な吸光度範囲にある吸収スペクトルであれば，それから誘導される微分スペクトルの微分値を定量分析に用いればよい．以下に，実例をもって説明する．

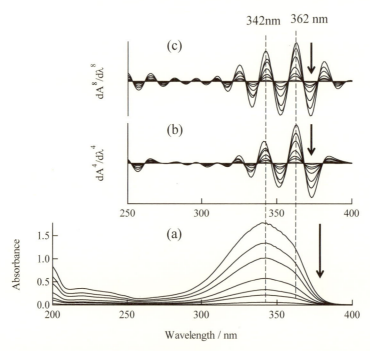

図 5.9　濃度を変えたときの FSbQ 水溶液の(a)吸収，(b) 4 次および(c) 8 次微分スペクトル
文献 4 の図を日本化学会の許可を得て掲載．

用いた分光光度計は Multispec 1500 であり，吸収極大波長（λ_{max}）である 343 nm での吸光度を 0.06 から 1.75 まで変えた FSbQ 水溶液のスペクトルを測定した．図 5.9a が吸収スペクトルであり，それぞれのスペクトルを微分変換し，さらにスムージング処理を行って高次微分スペクトルを得た．図 5.9b および図 5.9c に，濃度が異なるときの 4 次および 8 次微分スペクトルをまとめる．ここで，微分スペクトルでのピーク波長である 342 nm および 362 nm に着目する．342 nm および 362 nm での吸光度に関しては，前者で 1.70 であり後者では 1.20 である．以下に，342 nm における吸光度と 4 次微分スペクトルでの 4 次微分値 $d^4/d\lambda^4$（D^4）との相関関係を確認する．

図 5.10a に示すように，342 nm では吸光度が 1 を超えると D^4 値との直線関係が劣化する．362 nm でも，図 5.10b に見るように，吸光度が 1 以下であれば D^4 値は吸光度に対して良好な直線関係にある．なお，吸光度 1 に対応する D^4 値はおよそ 2×10^{-4} である．図 5.10c および図 5.10d は 8 次微分スペクトルでの微分値（D^8）と吸光度との関係だが，4 次微分スペクトルの場合と同様に，吸光度が 1 を超えると直線からずれる．なお，8 次微分スペクトルでは，吸光度 1 は D^8 値 = 7×10^{-7} に相当している．このように高次微分値は吸光度に比べて圧倒的に

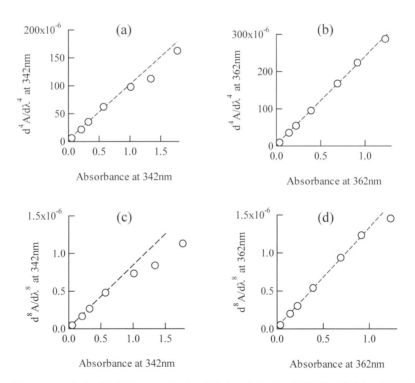

図 5.10　(a) 342 nm および(b) 362 nm における吸光度 A および 4 次微分値 D^4 値との相関ならびに
(c) 342 nm および(d) 362 nm における吸光度 A および 8 次微分値 D^8 値との相関
文献 4 の図を日本化学会の許可を得て掲載．

小さいが，4次および8次微分スペクトルはともに，吸光度が1を超えない波長での微分値を用いて，定量分析が可能であることが確認される．

ところで，多くの吸収スペクトルでの測定波長間隔は1 nmだが，λ_{max}の波長をより精度よく求めるために0.5 nmあるいはそれ以下の波長間隔で測定する場合がある．微分スペクトルに変換する際には，波長間隔を狭めることは微分値を小さくし，ノイズを増大するので，波長間隔を1 nm以下にする意味はない．そもそも，吸収帯が幅広であることを考慮すると，測定波長間隔を狭める意義に疑問を抱く．λ_{max}の波長を特定するのであれば，一次微分スペクトルに変換してゼロ線と交差する波長を求めればいい．

5 FSbQの光異性化反応による高次微分スペクトル解析

高次微分スペクトルによって光化学反応を解析する一例として，水溶液中でのFSbQの光異性化反応を取り上げる[4]．図5.11aは，この水溶液に365 nmの紫外線を照射し，Multispec 1500を用いて波長間隔は1 nmで測定したスペクトル変化である．図5.11bおよび図5.11cはそれぞれ，4次および8次微分スペクトルに変換した結果である．スムージング処理のための

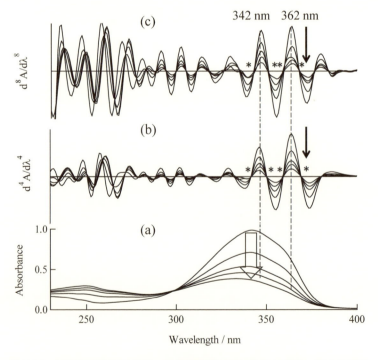

図5.11 FSbQ水溶液に365 nm光を照射したときの(a)吸収，(b)4次微分および(c)8次スペクトル変化（＊印は等微分点を示す）
文献4の図を日本化学会の許可を得て掲載．

データ数 p を，4次微分では 15，8次微分では 19 とし，その条件でそれぞれ4回および5回繰り返し処理を行った．吸収スペクトル変化で等吸収点が認められることから単一反応であることが示唆されるが，4次および8次微分スペクトル変化では多数の等微分点が存在することから，この反応条件では，trans 体から cis 体への光異性化反応のみが起こり，希薄溶液のために光二量化反応は起こっていないことが確認できる．

図 5.11b および図 5.11c における 343 nm および 362 nm の振動準位遷移吸収帯に着目すると，＊印でマークしたそれぞれのピークの両側での等微分点はゼロ線を通っている．第3章第6節で述べたように，この波長領域では生成物としての cis 体が混在しておらず，出発物質である trans 体のみが単調に減少している．したがって，cis 体のスペクトル特性を知ることなく，これらのピークでの相対的な微分値変化から光異性化率が算出できる．4次微分ならびに8次微分スペクトル変化におけるこの波長における光照射前の微分値を規格化し，それぞれの光照射時間における相対的な微分値ならびにそれらの平均値をプロットした結果が図 5.12 である．この結果から，光照射 150 秒後での光異性化率は 89% と見積もられる．

このように，trans 体と cis 体の比率が容易に求められることは，微分スペクトルの大きな利点の一つである．たとえば，SbQ 基を側鎖に有するポリマーに光照射し，その光反応を追跡する場合を想定する．その時の高次微分スペクトル変化が等微分点を示す場合には，サブピーク両側での等微分点がゼロ線上にあれば光異性化率が算出できる．一方，従来法で反応率を求めようとすると，光反応性残基をポリマー鎖から切り離してクロマトグラフィーや NMR などで異性体比を求めざるを得ず現実的ではない．

このように，単一光反応という条件が確認できれば，高次微分スペクトルによって光照射後の trans 体と cis 体との比率が算出できるので，光照射後の吸収スペクトルから trans 体に対

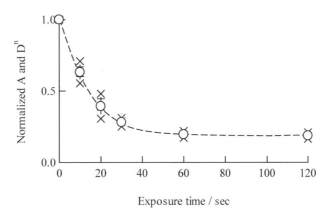

図 5.12　FSbQ の光異性化反応における 342 nm および 362 nm での4次微分値（＋）と8次微分値（×）およびその平均値（○）の変化
文献4の図を日本化学会の許可を得て掲載．

応するスペクトルを差し引くことによって，光照射後の cis 体の吸収スペクトルが求まる．ついで，図 5.11a に示したスペクトル変化における等吸収点での両異性体の吸光度が等しくなるようにすれば，cis 体のスペクトルが得られる．このようにして求めた F-SbQ の cis 体の吸収スペクトルを図 5.13 に示す．吸収極大波長は 320 nm にあり，この吸収帯は幅が広く，trans 体と異なって微細構造がない．380 nm 近辺まで吸収末端が伸びているが，cis 体の振動準位遷移吸収帯の半値幅が大きいために，その偶次数微分スペクトルはゼロ線にほぼ一致している．このように，吸収スペクトルでは trans 体と cis 体を個別に定量分析することはできないが，微分スペクトルによってはじめて両者を分離する解析が可能となる．

以上に記した微分スペクトルの特徴は，光反応を速度論的に検討するうえで役に立つ．吸収スペクトルを用いて光反応を追跡する従来法では，吸収極大波長における吸光度の変化を一次反応プロットして直線が得られることによって確認することが多い．その様子を図 5.14 の実線で示す．一方，高次微分スペクトルによる解析では，選択したピークでの極大微分値（D''）を用いて一次プロットすればいい．その結果を図 5.14 に点線で示す．4 次あるいは 8 次微分値によるプロットは吸光度プロットとよく一致しており，D'' 値を用いる速度論的解析の妥当性が分かる．

高次微分スペクトルによる FSbQ の光異性化反応の解析は，吸収スペクトルに基づく従来法より優れていることが理解されよう．C=C 結合や N=N 結合での光異性化反応だけでなく，他の光化学反応の速度論解析にも応用できる．

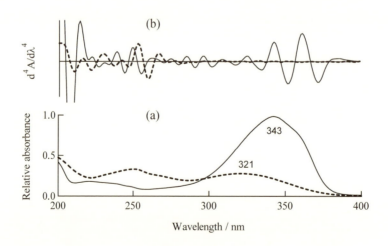

図 5.13　FSbQ の trans 体（実線）および cis 体（点線）の水溶液中での
　　　　(a)吸収および(b) 4 次微分スペクトル
　　　　文献 4 の図を日本化学会の許可を得て掲載．

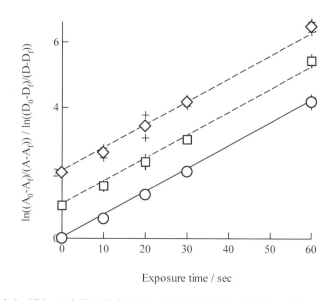

図 5.14 吸光度（○），4 次微分値（□）および 8 次微分値（◇）に基づく FSbQ の光異性化反応の一次反応プロット
後 2 者のプロットは上方へシフトしてある．文献 4 の図を日本化学会の許可を得て掲載．

6 まとめ

　高次微分スペクトルの活用が不十分な理由として 2 つの状況が考えられる．その一つは，吸収スペクトルでは問題にならない微小なノイズが大幅に増強されるために，4 次以上の高次微分スペクトルそのものに対する再現性および信頼性に懸念あるいは疑念が呈せられてきた．第二に，吸収スペクトルを測定する条件および分光光度計の機種が異なることに対して，このような疑念はさらに増幅する．

　第一の点については，第 3 章および第 4 章でスムージング処理の条件について詳細に検討し，最適な処理条件を選定する基準を提示することにより，再現性への懸念が取り除かれることを記した．本章では，任意に選んだ 6 種類の分光光度計を用いて同一サンプルの吸収スペクトルを測定し，それらの微分スペクトルが実質的に一致することを確認した．

　なお，解析に必要な波長領域における特有なノイズのために，スムージング処理を施しても微分スペクトルの特定波長領域における変形が除去できず，高次微分スペクトル解析に不向きな分光光度計もあり得る．図 5.2 に記したように，吸収スペクトルと 2 次微分スペクトルの形状比較から，分光光度計固有のノイズの有無を判断できる．

第 5 章　紫外可視高次微分スペクトルの再現性および信頼性

〈文　献〉
1) 吉田, 保存科学, No. 50, 207 (2011).
2) K. Ichimura, *Bull. Chem. Soc. Jpn.*, **89**, 549 (2016).
3) a) S. Kuś, Z. Marczenko and N. Obarski, *Chem. Anal.* (Warsaw), **41**, 899 (1996); b) J. Karpińska, *Talanta*, **64**, 801 (2004).
4) K. Ichimura, *Bull. Chem. Soc. Jpn.*, **90**, 411 (2017).
5) a) K. Ichimura, *J. Polym. Sci., Polym. Chem. Ed.*, **20**, 1411 (1982); b) K. Ichimura and S. Watanabe, *J. Polym. Sci., Polym. Chem. Ed.*, **20**, 1419 (1982).

第6章
紫外可視高次微分スペクトルによる
ポリシンナメート類の光反応解析

1　温故知新

　イーストマンコダック社によるポリ桂皮酸ビニルの発明は，桂皮酸の結晶に紫外線照射するとシクロブタン型二量体が生成することから啓発されたとされる[1]．この発明に端を発してネガ型フォトレジストとして多くの光架橋性ポリマーが開発された．しかし，多様性に優れる光重合系フォトポリマーや化学増幅型フォトレジストの出現と展開により，1970年代後半以降，この種の古典的なフォトポリマーの実用的な意義は失われた．ところが，1990年代に入ってから液晶光配向膜として再度注目を集め[2]，偏光照射によって発現する光学異方性フィルムを与えるポリマーの一つとして研究対象となっている[3]．

　筆者にとって身近なフォトポリマーの一つであり，液晶光配向に関連してシンナメート基で置換された単分子膜やポリマーなどを取り上げてきた[4]．その一環として，線状ポリマーに代えて高分岐ポリマーにシンナメート基を導入した材料を合成し，その特性を調べたことがある．ポリエステルポリオールからなる高分岐ポリマーをシンナメート基で置換したところ，意外なことに，シンナメート基が大幅に長波長へシフトすることを見いだした．シンナメート基が顕著に長波長シフトする報告例は皆無だったと思うが，高次微分スペクトルによってはじめて，このフォトポリマーの特異的なスペクトル特性ならびに光反応性を合理的に説明することができた[5]．

　本章では文献5をベースとして，高次微分スペクトルによるシンナメート化合物のスペクトル特性と光反応挙動の解析を取り上げる．

2 溶液光反応の吸収スペクトル解析

ポリ桂皮酸ビニル（PVCi）の光化学挙動をここで取り上げる理由は2つある．第一に，光反応性ポリマーの高次微分スペクトル解析をするうえでの演習問題としての意義である．第二に，高分岐ポリシンナメートの特異的な挙動を明らかにするためである．はじめに，第一の観点から説明する．

pVCi のモデル化合物として，桂皮酸エチル（EtCi）およびジシンナメート化したジメチロールプロピオン酸（DMPA）のジベンジルエステル（Bz2Ci）を取り上げる．後者は PVCi とともに後述する高分岐ポリシンナメートの部分構造に対応する．これらを図6.1に示す．図6.2 はそれぞれの酢酸エチル中での吸収スペクトルである．PVCi の良溶媒である酢酸エチルを用いているために，約 250 nm 以下の短波長側でのスペクトルは観察できない．EtCi や PVCi に比べると，Bz2Ci の吸収極大波長が多少長波長シフトしているが，これだけでは特段の情報は得られない．EtCi と Bz2Ci を比較すると，それぞれ4つのピークが認められるが，Bz2Ci の

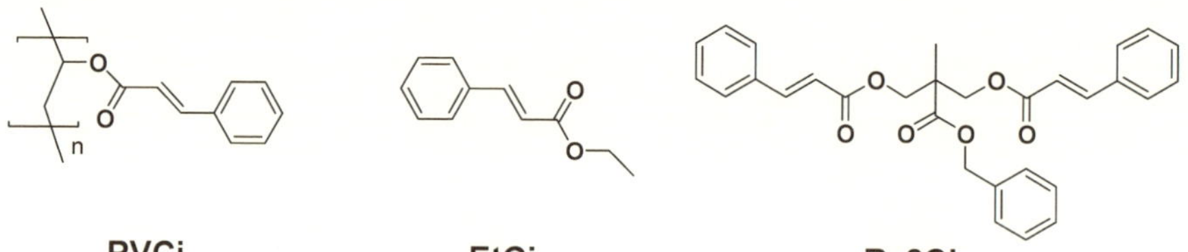

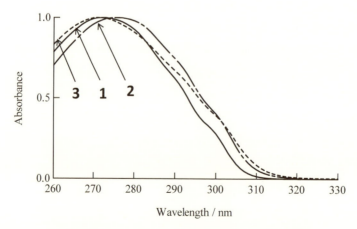

図6.1　ポリビニルシンナメートおよびモデル化合物
The Royal Society of Chemistry の許可を得て文献5より転載．

図6.2　酢酸エチル中での(1) EtCi，(2) Bz2Ci および(3) PVCi の吸収スペクトル
The Royal Society of Chemistry の許可を得て文献5より転載．

微分ピークは EtCi より長波長へシフトしており，ビスシンナメート骨格が分子内で相互作用していることが読み取れる．つぎに，Bz2Ci と pVCi の微分スペクトルを比較すると，両者の形状はとても似ている．これから，pVCi は希薄溶液中で隣接するシンナメート基同士が h-h（頭-頭）型での相互作用をしていると推察される．

図 6.3 は，これらの化合物の希薄溶液に紫外線を照射したときの吸収スペクトル変化である．全波長領域で単調に吸光度が減少して等吸収点が認められず，光反応の単一性についての判定ができない．EtCi についてはすでに第 2 章で簡単に記したが，他の化合物も単調に吸光度が減少することが確認されるだけであり，光異性化反応ならびに光二量化反応に関する動力学的な情報は得られない．しかし，ED（Extinction Difference）ダイアグラムを用いると，このような状況でも A → B で表される反応の単一性を検証することが可能となる．筆者は ED プロットを積極的に活用しているが，光化学の分野でもこの手法はほとんど活用されていないので，以下に ED ダイアグラムについて概説する．詳細については文献 6 を参考にされたい．

各波長における光照射前と後での吸光度の差(ΔA)がΔA_1, ΔA_2, … ΔA_n, ΔA_{n+1}, ΔA_{n+2}, …のとき，任意に選択した波長での吸光度の変化量ΔA_nを横軸にとり，他の波長でのΔAを縦軸にプロットして得られる図を ED ダイアグラムと呼ぶ．ここでの Extinction は Absorption と同

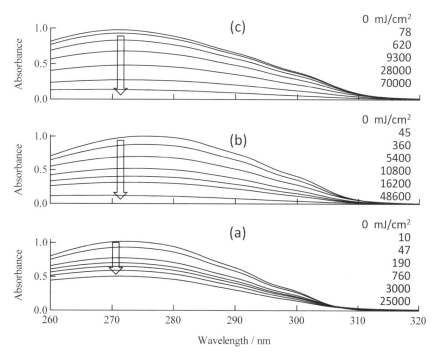

図 6.3　酢酸エチル溶液に 313 nm 光を照射したときの(a) EtCi,
(b) Bz2Ci および(c) pVCi の吸収スペクトル変化

第6章 紫外可視高次微分スペクトルによるポリシンナメート類の光反応解析

義語であり，ΔA は吸光度差を意味する．A → B で表される単一反応でのスペクトル変化では，ΔA_n は他の波長における ΔA と比例関係にある．したがって，その ED プロットは，ゼロを原点とし傾きが異なる複数の直線に乗る．なお，ED-ダイアグラムが直線からずれる場合は，その反応は単一ではないと判定される．吸光度の差ではなく，各波長における吸光度について同様な操作でグラフ化するとき，これを E-ダイアグラムと呼ぶ[6b]．この場合には原点を通らないが，それぞれのプロットが直線となる．筆者は，グラフの見やすさから ED-ダイアグラムを採用している．

図 6.3 に示したそれぞれの吸収スペクトル変化の ED ダイアグラムを図 6.4 にまとめて示す．たとえば，図 6.3a での EtCi のスペクトル変化では，275 nm での吸光度差（ΔA_{275}）を横軸にとり，それ以外の 5 つの波長での吸光度差を縦軸とし，それぞれの露光時間における吸光度差（ΔA_n）をプロットしている．それぞれのプロットは良好な直線関係にある．これから，EtCi の希薄溶液では光異性化反応のみが起こっていることが確認される．一方，図 6.4b に示す Bz2Ci の ED ダイアグラムでは，270 nm でのプロットを除くと，直線から大きくずれている．図 6.4c に示した PVCi の ED ダイアグラムでも直線からのずれが認められる．これから，PVCi およびそのモデル化合物である Bz2Ci では，光異性化反応以外に分子内での光二量化反応も溶液中で起こっていることが示唆される．

ところで，等吸収点の有無だけで光化学反応の単一性を推論することが非常に多いが，スペクトル線が交差する角度が小さいときなど，等吸収点の判定が困難な場合も少なくない．さらには，等吸収点の出現はかならずしも反応の単一性を反映するための必要十分条件ではない．その具体的な例については，第 8 章第 3 節で詳述する．

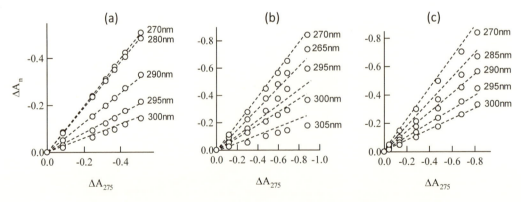

図 6.4 (a) EtCi，(b) Bz2Ci および(c) PVCi の溶液光反応の ED ダイアグラム

3 溶液光反応の高次微分スペクトル解析

図6.2の吸収スペクトルに対応するEtCi，Bz2CiおよびPVCiの4次微分スペクトルを図6.5に示す．3つの微分ピークに着目すると，Bz2CiおよびPVCiのピーク波長はEtCiより1～2 nmほど長波長へシフトしている．一方，光照射によって引き起こされるスペクトル変化は反応物と生成物の濃度の相対的な変化を反映するので，以下に記すように，高次微分スペクトルならではの多くの有用な知見が得られる．

図6.3の吸収スペクトル変化を4次微分スペクトルに変換した結果が図6.6である．図6.6aは第2章の図2.8bと同じであり，すでに，このスペクトル変化について説明したが，今一度確認をする．ここで，極大波長が300 nmであるピークの両側にある等微分点に着目すると，＊印で示したこれらの等微分点はゼロ線に一致している．第2章第6節で記したように，これは等微分点での cis 体の $d^4\varepsilon/d\lambda^4$ が実質的にゼロであるためであり，cis 体の吸収は無視し得る程度に小さいか，あるいは，その吸収帯が顕著にブロードであることを意味する．ここで ε はモル吸光係数である．したがって，300 nmのピーク強度変化は trans-シンナメートのみの減少を反映するので，300 nmの4次微分値（D^4）の減衰が trans 体の減少に対応する．Bz2CiおよびpVCiでも同様である．したがって，それぞれの D^4 値を露光量に対してプロットすれば，trans 体の反応率が追跡できる．

図6.7は露光量が80 J/cm^2 までの結果である．たとえば，300 nmでの光照射による光化学反応が量子収率1で起こる場合，その反応が完結する最小の露光エネルギー量は約40 mJ/cm^2 と見積もられる．シンナメートの光反応量子収率が0.3だと仮定すると，313 nmでの露光量が約130 mJ/cm^2 で trans 体と cis 体の比が一定である光定常状態に至る．したがって，図6.7における光照射初期の急激な反応率の上昇は光異性化反応に基づくと考えられる．EtCiについ

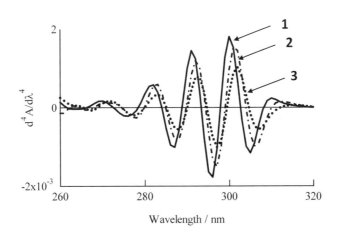

図6.5　酢酸エチル中での(1) EtCi，(2) PVCi および(3) Bz2Ci の4次微分スペクトル

第6章 紫外可視高次微分スペクトルによるポリシンナメート類の光反応解析

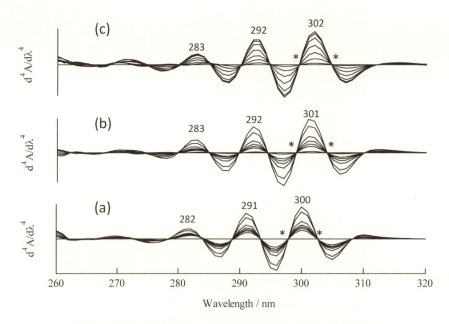

図6.6 酢酸エチル溶液に313 nm光を照射したときの(a) EtCi, (b) Bz2Ci および(c) pVCi の4次微分スペクトル変化

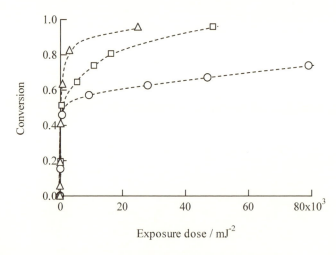

図6.7 EtCi（○），Bz2Ci（□）およびpVCi（△）の *trans*-シンナメートの光反応率

て見ると，初期の反応後で光定常状態となり，その後の長時間にわたる露光で *trans* 体が非常にゆっくりと減少している．これは，希薄溶液中で光二量化反応が格段に遅く起こっていると推定される．Bz2Ci は，初期の速やかな光異性化反応後にシンナメート基がゆっくりと減少している．光定常状態から分子内での光二量化反応が起こっていることが示唆される．一方，PVCi では，初期の速やかな反応率は EtCi および Bz2Ci より大きく，その後の反応は非常に

68

遅い．光異性化反応だけでなく高分子鎖内での光二量化反応も反応初期に進行しているのであろう．吸収スペクトル変化からでは，このような考察はできない．

4　高分岐ポリシンナメートの特異的な吸収スペクトル特性

　以上の演習問題に続く本題に入る前に，高分岐ポリエステルポリオールについて説明する．DMPAとコア分子となるポリオールを酸触媒の存在下で脱水縮合反応に供すると，高分岐型ポリエステルポリオールがさまざまな構造の混合物として得られる[7]．Perstorp社からBoltornシリーズとして入手できるが，その特異な構造に由来して線状ポリマーあるいはオリゴマーと異なる特異的な物性を示し，高分岐ポリアクリレートをはじめ，さまざまな目的で用いられている．DMPAとコア分子であるポリオールの配合比を変えることによって，およその分子量を選定できる．分子量が大きい順にH40，H30，H20と呼ばれている．H40，H30，H20それぞれのDMPAとポリオールのモル比は，60/1，28/1，12/1であり，理論的な末端水酸基の数は64，32および16となる．H40の分子構造の一例として，NMRスペクトルの解析結果に基づいて図6.8に示す構造が提案されている[8]．Dendritic, terminalおよびlinearと呼ばれる3つの部分構造が提案されており，デンドリマーとは異なり分子量分布に幅があるう

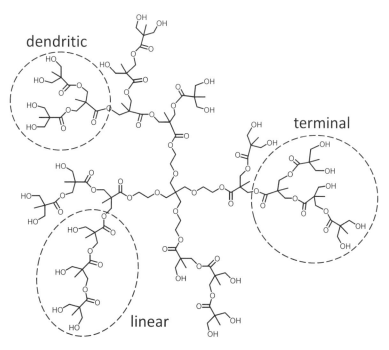

図6.8　高分岐ポリエステルポリオール（H40）の推定構造の例
The Royal Society of Chemistry の許可を得て文献5より転載．

え，これらの部分構造の複雑な組み合わせから構成される．

　これらの水酸基すべてをシンナメート基に変換した化合物が本節での主役だが，高分岐ポリエステルポリオールをトリエチルアミンの存在下で桂皮酸クロリドと反応させることによって容易に得られる．H40 から合成される高分岐ポリシンナメート DCi40 は，H40 のすべての OH 基がシンナモイル化された構造からなる．

　DCi40 はモデル化合物である Bz2Ci に比較すると，図 6.9a に見るように，溶液での吸収スペクトルは顕著な長波長シフトを示す．表 6.1 に，EtCi や PVCi をも併せたシンナメート化合物の吸収極大波長（λ_{max}）をまとめる．筆者が知る限り，基準化合物に対して 10 nm に及ぶシンナメート基の波長シフトは他に例を見ない．この波長シフトは会合体形成によって定性的に説明されうるが，吸収スペクトルだけでは会合体の吸収帯がどの波長範囲にあるか判断できない．そこで，4 次微分スペクトルに変換した結果を図 6.9b に示す．DCi40 の微分ピークの極大波長は Bz2Ci の場合とあまり変わらないが，注目すべき点は，309 nm に弱いピークが認め

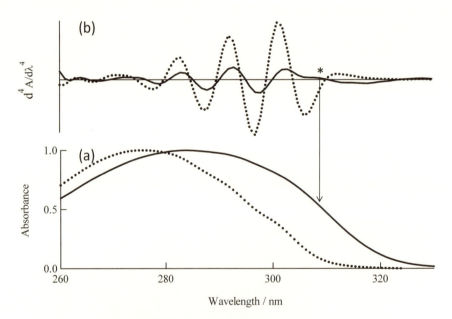

図 6.9　Bz2Ci（実線）および DCi40（点線）の酢酸エチル溶液中での
　　　(a)吸収スペクトルおよび(b) 4 次微分スペクトル

表 6.1　シンナメート類の酢酸エチル中での吸収極大波長

化合物	λ_{max}
EtCi	272
Bz2Ci	276
PVCi	271
DCi40	284

られることである.＊印で示したこのピークは高分岐ポリシンナメートに特有であり, サテライトピークではなくシンナメート基のJ-会合体に帰属される.

ここで, DCi40でのピーク強度がBz2Ciよりずっと小さいことを考察する. 第1章で記したように, n次微分における最大微分強度D''と吸収帯半値幅Wとの間に$D'' \propto 1/W^n$の関係がある. したがって, DCi40におけるそれぞれの微分ピークに対応する吸収帯の半値幅はBz2Ciの場合より大きいことが示唆される. また, 微分スペクトルでの309 nmピークは微弱ではあるが, 吸収スペクトルでは, この波長に極大値を持つ幅広の吸収帯が存在すると推察できる. dendritic あるいは terminal 単位に結合した分岐鎖末端シンナメート基は空間的に込み入っており, 図6.10に示すようなh-t（頭－尾）型の長波長シフトした吸収帯を持つJ-会合体が形成され, 非会合体の吸収帯との総和としてλ_{max}が長波長シフトすると説明できる.

高分岐ポリシンナメートの溶液光反応をEtCi, Bz2CiあるいはPVCiの場合と比較すると, 会合体が関与する特徴的な挙動はさらに明快となる. 図6.11はDCi40の溶液光反応に伴う吸収および4次微分スペクトル変化である. 注目すべきこととして, 304 nmおよび293 nmに極大波長をもつ2つのピークの位置ならびに強度は, 図中の矢印曲線が示すように3段階で変化している（図6.11b）. 極大波長が304 nmであるピークに着目すると, 光照射初期には極大波長は変わらずに速やかに強度が減少し, ついでピーク波長は301 nmへシフトしたのちに強度が減少している. このプロセスでのスペクトル変化で等微分点が認められる. その後, 301 nmピークがゆっくりと減少している. この微分スペクトルの形状変化から, 光照射初期にはJ-会合体を形成するtrans体が速やかに光二量化反応を起こし, ついで, cis体への光異性化反応によって301 nmに極大波長を持つ孤立したtrans体が優勢となり, 最後に, これがゆっくりと光二量化反応を起こすと推定できる. デンドリティック構造に由来する特徴的な振る舞いである.

図6.11aに示すDCi40の吸収スペクトル変化からは, このような立ち入った解析を行うことは不可能である. 光反応プロセスの研究を行ううえで, 高次微分スペクトルの意義を示す好例である.

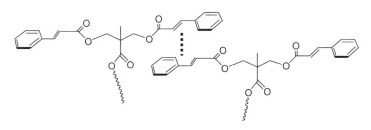

図6.10 DCi40薄膜中でのトランスーシンナメート基会合体の模式図
The Royal Society of Chemistry の許可を得て文献5より転載.

第6章 紫外可視高次微分スペクトルによるポリシンナメート類の光反応解析

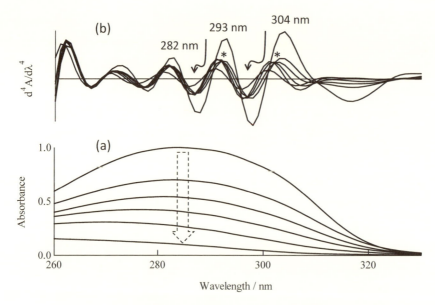

図6.11 DCi40の酢酸エチル溶液に313 nm光を照射したときの
(a)吸収および(b)4次微分スペクトル変化
＊印は等微分点を示す．

5 薄膜での高分岐ポリシンナメートの光反応挙動

　以上の溶液での光反応挙動の結果を踏まえ，PVCi および DCi40 の薄膜での光反応性ならびに光架橋能における差異を微分スペクトルによって詳細に検討する．図6.12は，pVCi および DCi40 薄膜の吸収スペクトル，ならびに，それらの4次微分スペクトルである．DCi40 の吸収帯は PVCi に比べて顕著に長波長へシフトしており，DCi40 では，溶液中での挙動と同様に J-会合体が関与していると推察されるものの，吸収スペクトルからは会合体についての具体的な情報は得られない．両者の4次微分スペクトルを比較すると，DCi40 は pVCi が示す微分ピーク以外に，320 nm 近傍に特徴的なピークを明確に有する．つまり，DCi40 では pVCi のスペクトルに新たな微分ピークが上乗せされており，これは trans- シンナメートの J-会合体に帰属できる．会合体においては，2つの分子が隣接して π 電子相互作用によって孤立分子とは異なる電子状態となるので，あたかも一つの分子種として振る舞うために個々の分子の振動準位遷移による吸収帯は消失する．溶液中での挙動と同様に，デンドリマーに類似した特異な分岐構造によって，高分岐ポリマー鎖内で末端側鎖間でのシンナメート基が密集しやすいうえ，薄膜中ではポリマー鎖間でジシンナメート残基が濃縮する結果，会合体は固体膜中で形成されやすい．このため，会合体は溶液中より明瞭に観察される．この会合体も図6.11に示す h-t（頭-尾）型に帰属される．

　pVCi および DCi40 の薄膜に光照射したときの吸収および4次微分スペクトル変化を図6.13

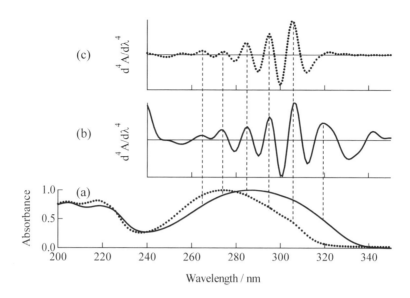

図 6.12 (a) DCi40（実線）ならびに PVCi（破線）の吸収スペクトルおよび (b) DCi40 ならびに (c) PVCi の 4 次微分スペクトル
The Royal Society of Chemistry の許可を得て文献 5 より転載.

にまとめて示す．図 6.13a に示した PVCi では，220 nm 以上の波長領域で吸収スペクトルは単調に減少し，この種のフォトポリマーで観測される結果と同じである．この吸収スペクトル変化によって光反応性は確認できるが，これ以上立ち入った議論はできない．その 4 次微分スペクトル変化を示す図 6.13b では，284 nm，295 nm および 306 nm の微分ピークが単調に減少しているが，ここでは後二者ピークの両側の等微分点はゼロ線に一致していることに注目する．第 3 節で溶液中での光反応をモニターしたことと同様に，306 nm での D^4 値の変化によって薄膜中での trans-シンナメート基の減少を追跡できる．この種のポリマーの光反応性を議論する際に，λ_{max} での吸光度を露光量に対してプロットすることがルーチンに行われる．しかし，λ_{max} の波長では cis 体の吸収もありうるので，厳密には吸収スペクトル変化によって trans 体のみの反応性をモニターしたことにはならない．

DCi40 薄膜の吸収スペクトル変化が図 6.13c だが，図 6.13a の PVCi の場合と同じく，これだけでは DCi40 薄膜の詳細な光反応性を議論することができない．それに対して，図 6.13d に示す 4 次微分スペクトル変化から多くの有益な情報が得られる．第一に，特徴的な 285 nm，295 nm および 306 nm の微分ピークは PVCi におけるピークとよい一致を示している．これから，DCi40 薄膜でのシンナメート基の一部は，PVCi 薄膜での trans 体と同じ非会合状態にあることが判明する．第二に，DCi40 薄膜には PVCi にはない 320 nm の J-会合体に帰属される微分ピークが他の微分ピークよりも速やかに減衰している．つまり，4 次微分スペクトルへの変換によって，非会合シンナメート基とシンナメート会合体それぞれの光反応性を個別に扱う

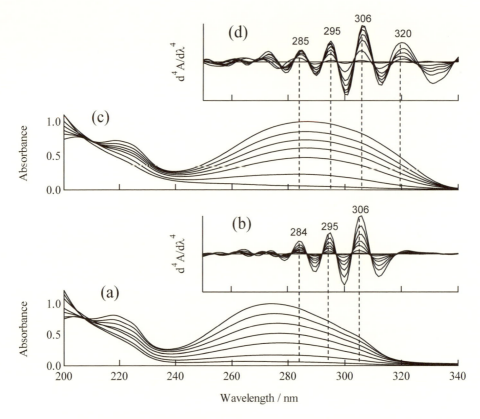

図 6.13　313 nm 照射下での PVCi 薄膜の(a)吸収スペクトルおよび(b) 4 次微分スペクトル変化，ならびに，DCi40 薄膜の(a)吸収スペクトルおよび(b) 4 次微分スペクトル変化
The Royal Society of Chemistry の許可を得て文献 5 より転載.

ことが可能となる.

そこで，両者それぞれのキーとなる微分ピークの D^4 値を露光量に対してプロットしたのが図 6.14 である．PVCi に関する図 6.14a では，*trans*-シンナメート基は単調に減少し，長時間露光後での *trans* 体の残存率は約 6% である．光二量化反応ならびに光異性化反応がかかわっているが，この結果だけでは両者に関する個々の情報は得られない．図 6.14b では，DCi40 の J-会合体に帰属される 320 nm の微分ピークが初期の光照射によって速やかに減少し，100 mJ/cm² 未満の露光量で完全に消失している．図 6.10 に示す h-t 型の会合体が速やかな光二量化に適した配置状態にあることがわかる．非会合体の微分ピークに着目すると，その D^4 値の減少速度は約 10 mJ/cm² 以下の初期の光照射では遅く，それ以降の露光によって単調に減少している．光照射初期では，光励起された非会合シンナメート基から会合体シンナメート基へエネルギー移動が起こっている可能性が大きい．

以上の結果をまとめると，高分岐ポリシンナメート DCi40 の薄膜では特異的に J-会合体が

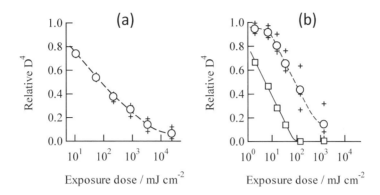

図 6.14 (a) PVCi 薄膜および (b) DCi40 薄膜に 313 nm 光を照射したときの 3 つの非会合体微分ピークの D^4 値（＋）とそれらの平均値（○）および 319 nm での会合体微分ピークの D^4 値（＋）とそれらの平均値（□）の露光エネルギー依存性
The Royal Society of Chemistry の許可を得て文献 5 より転載．

形成され，紫外線照射によって速やかに消失する．ここでは光二量化反応が主たる反応と推察される．こうした特徴は従来のシンナメート系ポリマーにはないものであり，光配向膜などへの応用を考慮した新たなポリマー設計が可能である．

6 まとめ

吸収スペクトルを高次微分変換することの有効性を具体的に把握するために，ポリビニルシンナメート PVCi およびそのモデル化合物の酢酸エチル溶液中でのスペクトル特性ならびに光反応に伴うスペクトル変化を取り上げた．その結果を以下にまとめる．

① 溶媒の吸収のために等吸収点がないが，ED ダイアグラムにより，紫外線照射による EtCi の吸収スペクトル変化は光異性化反応のみからなり，Bz2Ci および PVCi は光二量化反応をも併発していると推察される．

② 4 次微分スペクトルによって①の結果が追認される．また，*trans* 体の反応率は吸収スペクトルから得られないが，4 次微分スペクトルにおける等微分点に着目することにより簡便に求められる．

③ 高分岐ポリシンナメート DCi40 の溶液での吸収スペクトルは顕著な長波長シフトを示し，4 次微分スペクトルから J-会合体形成が推定される．この会合体は速やかに光二量化し，その後，非会合シンナメートの光反応が起こる．

④ DCi40 薄膜の 4 次微分スペクトルでは，PVCi に観測される非会合シンナメート基の微分ピーク以外に，長波長シフトした J-会合体に帰属される微分ピークが 320 nm に出現する．この J-会合体は光二量化反応によって速やかに消失する．

以上の結果から，4次微分スペクトルによって吸収スペクトルでは得られない多くの光反応挙動に関する情報が得られる．

〈文　献〉

1)　(a) L. M. Minsk, J. G. Smith, W. P. Van Deusen and J. F. Wright, *J. Appl. Polym. Sci.*, **2**, 302 (1959); (b) E. M. Robertson, W. P. van Deusen and L. M. Minsk, *J. Appl. Polym. Sci.*, **2**, 308 (1959).
2)　M. Schadt, K. Schmitt, V. Kozenkov and V. Chigrinov, *Jpn. J. Appl. Phys., Part 1*, **31**, 2155 (1992).
3)　(a) K. Ichimura, *Chem. Rev.*, **100**, 1847 (2000); b) M. O'Neill and S. M. Kelly, *J. Phys. D: Appl. Phys.*, **33**, R67 (2000); c) O. Yaroshchuk and Y. Reznikov, *J. Mater. Chem.*, **22**, 286 (2012).
4)　a) K. Ichimura, Y. Akita, H. Akiyama, Y. Hayashi and K. Kudo, *Jpn. J. Appl. Phys.*, **35**, L996 (1996); b) K. Ichimura, Y. Akita, H. Akiyama, K. Kudo and Y. Hayashi, *Macromolecules*, **30**, 903 (1997); c) M. Obi, S. Morino and K. Ichimura, *Jpn. J. Appl. Phys.*, **38**, L145 (1999); d) S. Furumi, K. Ichimura, H. Sata and Y. Nishiura, *Appl. Phys. Lett.*, **77**, 2689 (2000); e) S. Furumi and K. Ichimura, *Appl. Phys. Lett.*, **85**, 224 (2004); f) S. Furumi and K. Ichimura, *Phys. Chem. Chem. Phys.*, **13**, 4919 (2011).
5)　K. Ichimura, *J. Mater. Chem.* C, **2**, 641 (2014).
6)　a) G. Quinkert, *Angew. Chem. Int. Ed.*, **84**, 1157 (1972); b) G. G. Gauglitz, *Photochromism-Molecules and Systems*, ed. H. Dürr and H. Bouas-Laurent, Elsevier, Amsterdam, 1990, pp. 15-63.
7)　E. Malmström, M. Johansson and A. Hult, *Macromolecules*, **28**, 1698 (1995).
8)　E. Žagar, M. Huskić and M. Žigon, *Macromol. Chem. Phys.*, **208**, 1379 (2007).

第7章
水溶性フォトポリマーPVA-SbQにおける
会合体形成による高感度発現

1 PVA-SbQのユニークな特性

　PVA-SbQは，ポリビニルアルコール（PVA）の側鎖にスチルバゾリウム（Stilbazolium Quaterized）基がアセタール結合を介して導入された水溶性の光架橋型フォトポリマーであり[1]，光架橋性PVAとしてさまざまな応用への展開がなされてきた[2]．製膜および現像ともに中性水で処理可能なグリーンプロセスとしてのフォトリソグラフィー用途としては，スクリーン印刷用ステンシル，第二原図，高精細ブラウン管の蛍光面，液晶パネル用顔料分散型カラーフィルターなどのパターニング材料として実用化された．また，酵素[3]，葉緑体[4]，酵母やメタン発酵菌[5]，生体組織[6]などの生体活性物質を光架橋マトリックス内に包括固定化してバイオセンサーやバイオリアクターへ活用され，現在もバイオセンサー素子の研究に利用されている．また，光架橋型水性ゲルとして海水生物汚染の防止用途に検討され[7]，さらには，エレクトロスピニング後に光架橋を施すナノファイバーへも応用されている[8]．

　その一方で，産業構造の変化を反映して姿を消した応用例も多くあり，家電製品における部材の劇的な変遷を目の当たりにしてきた．たとえば，高精細テレビブラウン管の蛍光面形成であり，また，世界初の顔料分散型カラーフィルターはPVA-SbQ水溶液中で有機顔料をミリング微分散して製造されたが[8]，その後アクリル系フォトポリマーに置き換えられた．一方で，スクリーン印刷用感光材料としては，1980年代初頭から現在に至るまで世界規模で利用されている[9]．スクリーン印刷用感光材料には水溶性だけでなく，使用後の剥離除去，スキージ印刷に耐える力学特性など，多くの厳しい性能が求められる．このため，汎用スクリーン印刷用感光材料としては，二液型のジアゾ樹脂系と一液型で高感度なPVA-SbQ系に限定されている．

　PVA-SbQは，光架橋残基で側鎖置換された古典的なフォトポリマーの唯一つの生き残りで

ある.その理由として,PVA 鎖に SbQ 基を 1 モル％程度という異常に低い導入率で実用感度が得られるユニークな感光特性が挙げられる.いわば,光架橋性 PVA である.たとえば,重合度 1,700 の PVA であれば,一本のポリマー鎖に 20 個程度の SbQ 基を結合すればよい.したがって,その感光メカニズムを知ることは,一般的なネガ型フォトポリマーの感光特性を学術的に理解するうえでも貴重である[1,10].本章では,微分スペクトルを感光メカニズムの研究に活用するという観点から,その特異的な光反応挙動を記す[11].

2 希薄水溶液中での感光挙動—吸収スペクトルによる解析

PVA-SbQ は,完全けん化物あるいは部分けん化 PVA,さらには,水溶性エチレン・ビニルアルコール共重合体の酸性水溶液に p-ホルミルスチルバゾリウム塩(FSbQ)を添加して製造される(図 7.1).本章では,重合度 1,700 の部分けん化 PVA に SbQ を 0.1 モル％,0.3 モル％および 1.4 モル％導入し,重合度 500 の PVA に 4.0 モル％の SbQ を導入した PVA-SbQ を用いている.導入率が高くなると高粘度化するため,4.0 モル％導入率の PVA は重合度を低くしてある.図 7.1 には,モデル化合物として FSbQ のアセタール化合物である PDSbQ も示す.

図 7.2a は,導入率が異なる PVA-SbQ および PDSbQ の水溶液での吸収スペクトルである.PDSbQ は 341 nm に極大波長を示し,4.0 モル％ PVA-SbQ を除くと,ポリマー 3 者での極大波長はほぼ一致している.4.0 モル％ PVA-SbQ の特長は,極大波長の短波長へのシフトである.図 7.2b に見るように,4 次微分スペクトルでは H-会合体に帰属される微分ピークが 323 nm に出現している.1.4 モル％ SbQ-PVA の微分スペクトルでは,この波長で弱い膨らみが認められる.以上から,SbQ 導入率が臨界値を越えると,SbQ 基は水溶液中でも高分子鎖内で会合していることがわかる.なお,0.1 モル％および 0.3 モル％の SbQ 導入率では,そのフィルムに光照射しても不溶化しないが,1.4 モル％および 4.0 モル％ PVA-SbQ は実用に供せられるフォトポリマーである.

つぎに,希薄水溶液での感光挙動について記す.光照射によって水性ゲルを得る基礎データとなるうえ[12],高次微分スペクトル解析の演習問題としての意味合いがある.図 7.3 は,0.1 モ

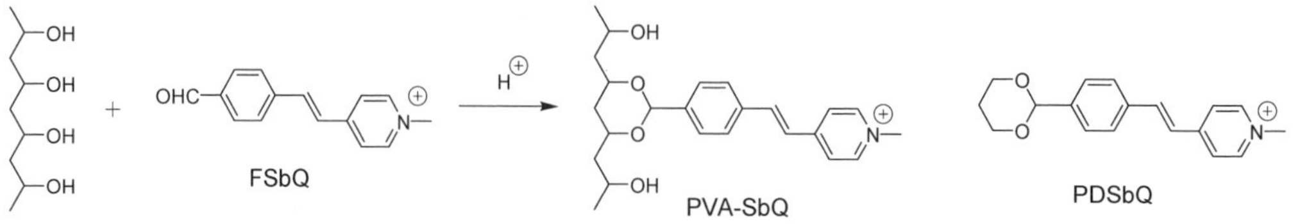

図 7.1 本章で扱う化合物

2 希薄水溶液中での感光挙動—吸収スペクトルによる解析

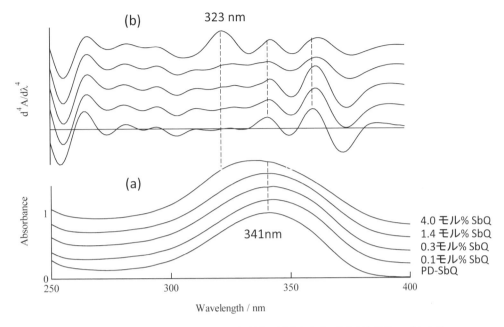

図7.2 PVA-SbQ および PDSbQ 水溶液の(a)吸収および(b)4次微分スペクトル

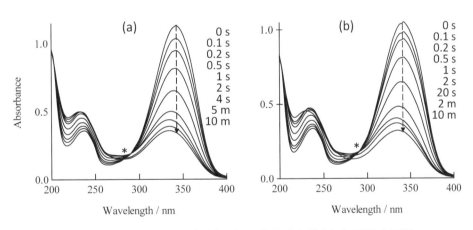

図7.3 (a) 0.1 モル%,および,(b) 0.3 モル%SbQ を導入した PVA 水溶液に 365 nm 光を照射したときの吸収スペクトル変化[11]

ル%および 0.3 モル%導入率の PVA-SbQ 水溶液に 365 nm 光を照射したときの吸収スペクトル変化である.両者のスペクトル変化は非常に類似しており,数秒以内の露光で 280 nm に＊印を付した等吸収点が認められ,ついで,分オーダーでの露光を続行すると,この等微分点からずれたスペクトル変化となる.これから,速い反応と遅い反応が逐次的に起こっていることが示唆される.すなわち,一分子反応である光異性化が速やかに起こって trans 体と cis 体からなる光定常状態となり,その後,ゆっくりと高分子鎖内で光二量化反応が起こると推察さ

第7章 水溶性フォトポリマーPVA-SbQにおける会合体形成による高感度発現

れる．つまり，A ⇄ B → Cで表記される逐次反応と推定されるが，従来の解析法では，このレベルにとどまる．

光反応挙動をさらに確認する方法として，第6章第2節で説明したEDダイアグラムがある[13]．0.1モル％PVA-SbQのスペクトル変化において，340 nmでの吸光度変化量（ΔA_{340}）に対して任意の波長における吸光度差（ΔA_n）をプロットした結果を図7.4aに示す．光照射終盤のプロットは直線からずれており，単一反応ではないことが確認できる．0.3モル％PVA-SbQの場合も同様である（図7.5a）．

しかし，EDダイアグラムだけではA ⇄ B → C型の逐次反応についての議論ができない．このために用いられる手法がEDQ（Extinction Difference Quotient）ダイアグラムである[13]．

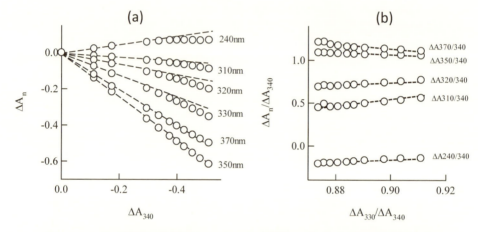

図7.4　0.1モル％SbQを結合したPVAの水溶液に365 nm光を照射したときのスペクトル変化における(a) EDおよび(b) EDQダイアグラム

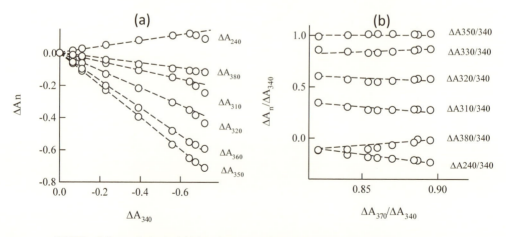

図7.5　0.3モル％SbQを結合したPVAの水溶液に365 nm光を照射したときのスペクトル変化における(a) EDおよび(b) EDQダイアグラム

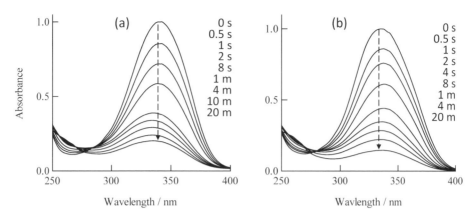

図 7.6 (a) 1.4 モル%，および，(b) 4.0 モル%SbQ を導入した PVA 水溶液に 365 nm 光を照射したときの吸収スペクトル変化[11]

各波長における ΔA が ΔA_1, ΔA_2, … ΔA_n, ΔA_{n+1}, ΔA_{n+2}, …であり，任意に選択した波長での ΔA が ΔA_n のとき，$\Delta A_1 / \Delta A_n$, $\Delta A_2 / \Delta A_n$, $\Delta A_{n+1} / \Delta A_n$, $\Delta A_{n+2} / \Delta A_n$, が EDQ である．そこで，任意に選択した EDQ の数値，たとえば，$\Delta A_{n+1} / \Delta A_n$ を横軸にプロットし，他の EDQ の数値を縦軸にプロットしたとき，勾配は異なるもののそれぞれが直線関係になれば，そのスペクトル変化は逐次的反応だと判定される．この方法を適用した結果が図 7.4b である．勾配は異なるが，それぞれは直線関係にあることが確認できる．この結果から，0.1 モル% PVA-SbQ の水溶液では，A ⇄ B が光異性化反応であり，その光定常状態から光二量化反応がゆっくりと起こる推定がより確実となる．図 7.5b に見るように，0.3 モル% PVA-SbQ でも同様な結果が得られ，A ⇄ B → C 型反応の推定が支持される．

筆者はこのように，ED ダイアグラムはもとより，必要に応じて EDQ ダイアグラムでのスペクトル解析を行う．しかし，一般的にはほとんどスペクトル変化に利用されていない．等吸収点のシフトは逐次的反応を示唆するが，それをさらに確かにする上で，EDQ ダイアグラムが活用されていい．

図 7.6 は，1.4 モル% および 4.0 モル% PVA-SbQ 水溶液に光照射したときの吸収スペクトル変化である．0.1 モル% および 0.3 モル% PVA-SbQ の場合と比較すると，等吸収点の有無の判定は困難になるなど，吸収スペクトルだけでは光反応挙動に関してこれ以上の議論はできない．

3 希薄水溶液中での感光挙動—高次微分スペクトルによる解析

紫外可視吸収スペクトルによる光化学反応の解析は，一般的に反応に直接関与する π-電子系のスペクトル変化のみに基づく．たとえば，PVA-SbQ であれば，SbQ 基による約 300 nm

第7章 水溶性フォトポリマーPVA-SbQ における会合体形成による高感度発現

以上の吸収が関心の対象である．光反応後には trans 体，cis 体およびシクロブタン型光二量体からなる3種類のベンゼノイド吸収帯が混在することになる．このため，約 300 nm 以下の波長領域での吸収スペクトル変化が活用されることはない．ところで，第4章第5節では，アゾベンゼンの trans および cis 異性体の短波長領域の高次微分スペクトルに着目し，両異性体に帰属されるベンゼノイドの微分ピークの分離が可能であることを示した．本節では，PVA-SbQ のスペクトルを短波長領域と長波長領域に分け，それぞれを高次微分スペクトルで解析した結果を示す．

図 7.3 および図 7.6 に示した吸収スペクトル変化を微分変換する前に，第4章第2節および第3節で記したスムージングの手順を確認する．Savizky-Golay 法によるスムージングにおけるデータポイント数（p）を選択する条件として，次式を考慮すればよい[14, 15]．ここで，$\Delta\lambda_v$ は分離されるべき隣接ピーク間での波長間隔であり，$\Delta\lambda_n$ は吸収スペクトルデータにおけるノイズの波長間隔である．

$$1 + 2 \times \Delta\lambda_v > p > 1 + 2 \times \Delta\lambda_n \tag{1}$$

光化学挙動で一般的に注目される対象は最長波長吸収帯の変化なので，はじめに，PVA-SbQ の 280 nm〜400 nm での波長領域に着目し，導入率が異なる4種類の4次微分スペクトル変化を図 7.7 にまとめて示す．なお，吸収がない波長領域での微分スペクトルのノイズ間隔 $\Delta\lambda_n$ はおよそ 7 nm なので，$p > 15$ でスムージングを行えばよい．ここでは，微分次数 $s = 2$ および $p = 17$ でスムージング処理を行っている．吸収スペクトルでは，SbQ の導入率にかかわらず吸収帯が単調に減少するだけだが，4次微分スペクトルでは以下のような新たな情報が得られる．

第一に，0.1 モル% および 0.3 モル% PVA-SbQ の場合には，多くの等微分点が認められ，反応の単一性，すなわち，光異性化が主たる反応であることが確認できる．第二に，4.0 モル% SbQ では 323 nm に新たな微分ピークが明瞭に出現し，光照射によって速やかに減少する．1.4 モル% PVA-SbQ もこの波長近傍に微分ピークが認められ，かつ，光照射によって速やかに消失する．したがって，この微分ピークは SbQ の H-会合体に帰属でき，図 7.2 に示した吸収スペクトルでの λ_{max} のシフトが会合体形成に起因すると結論される．第三に，0.1 モル% および 0.3 モル% PVA-SbQ における 343 nm ならびに 362 nm の微分ピークが 1.4 モル% および 4.0 モル% PVA-SbQ でも存在しており，後二者における非会合 SbQ の存在が確認される．

隣接するピークの融合によって微分スペクトル形状が損なわれることを回避するためには，$p < 1 + 2 \times \Delta\lambda_v$ でのスムージングが必須条件となる．$\Delta\lambda_v$ は吸収スペクトルを構成する下位レベルの遷移，すなわち，振動準位遷移に対応する吸収帯における波長間隔である．多くの化合物では振動準位遷移に対応する吸収帯間での波長間隔が対象である．第4章第3節ではアゾベンゼンの場合を例示したが，およそ 250 nm 以下のベンゼノイド吸収に対応する短波長領域

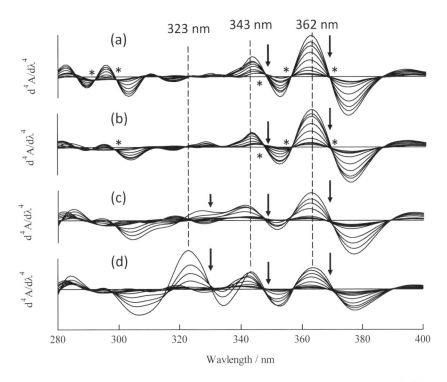

図 7.7 (a) 0.1 モル%,(b) 0.3 モル%,(c) 1.4 モル%,および,(d) 4.0 モル% の SbQ を導入した PVA 希薄水溶液に 365 nm 光を照射したときの長波長領域での 4 次微分スペクトル変化

では $\Delta\lambda_v$ はおよそ 3 nm なので,微分スペクトル形状の変形を避けるためには $p<7$ でスムージングしなければならない.

通常の吸収スペクトル解析では,280 nm 以下のように波長の短い領域での吸収スペクトル変化は無視される.明快に分離できる吸収帯が存在しないためである.たとえば,SbQ の場合であれば,光照射前後で trans 体,cis 体および光二量体の 3 者に由来する吸収帯が混在し,それらの分離が不可能なためである.

しかし,高次微分スペクトル変化では全く状況が異なり,有益な情報が新たに得られる.図 7.8 は,4 種類の PVA-SbQ の 230 nm〜280 nm における 4 次微分スペクトル変化である.短波長領域では,4 次微分変換によって微分ピークの分離が認められるが,ピーク間の波長が 3 nm であることを考慮し,式(2)にしたがって,$p=7$ でのスムージングを行っている.図 7.8a および図 7.8b は,0.1 モル% および 0.3 モル% PVA-SbQ の微分スペクトル変化だが,この波長領域でも多くの等微分点が認められ,光異性化が主たる反応であることが確認できる.導入率が低いこれらの PVA-SbQ では,下向き矢印で示した 241 nm および 249 nm の微分ピークが単調に減少しており,これらのピークは trans 体に帰属できる.一方,0.1 モル% および 0.3 モル% PVA-SbQ のスペクトル変化では,cis 体に帰属できる増加する微分ピークは微弱である.

第 7 章　水溶性フォトポリマー PVA-SbQ における会合体形成による高感度発現

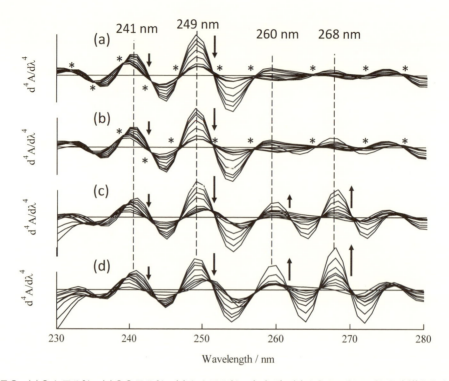

図 7.8　(a) 0.1 モル%，(b) 0.3 モル%，(c) 1.4 モル%，および，(d) 4.0 モル% の SbQ を導入した PVA 希薄水溶液に 365 nm 光を照射したときの短波長領域での 4 次微分スペクトル変化

　図 7.8c および図 7.8d は 1.4 モル% および 4.0 モル% PVA-SbQ の微分スペクトル変化だが，260 nm および 268 nm の新たなピークが単調に増加している．これらのピークはシクロブタン型光二量体を構成するベンゼノイド吸収に帰属され，これらの PVA-SbQ は希薄水溶液でも光二量化反応が起こることがわかる．なお，これらの短波長でのピークは 0.1 モル% および 0.3 モル% PVA-SbQ でも微弱ではあるが増加しており，cis 体と光二量体のベンゼノイド微分ピークは重なっていると判断される．

　以上の結果を以下にまとめる．図 7.7 における 362 nm および 323 nm での相対的な微分値 (D^4) をそれぞれ露光時間に対してプロットすれば，非会合体および会合体の反応の様子を個別に知ることができる．さらに，図 7.8 での 268 nm の D^4 値から光二量化反応の様子もうかがい知ることができる．これらを片対数としてまとめた結果が図 7.9 である．図 7.9a は光異性化反応が主体である 0.1 モル% PVA-SbQ における 362 nm での D^4 値の変化を示す．およそ 10 秒以内の露光で光定常状態に達し，わずかではあるが，その後非常にゆっくりと光二量化反応が起こっている．一方，4.0 モル% PVA-SbQ では，323 nm の H-会合体は数秒以内にすみやかにほぼ完全に消失する一方で，362 nm の非会合体はそれに追随して消失している．一方，光二量体に帰属される 268 nm のピークは単調に増加し，光二量化反応が一貫して進行してい

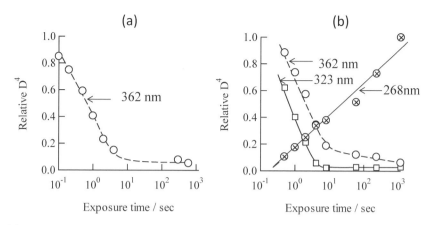

図 7.9 (a) 0.1 モル% および (b) 4.0 モル% の SbQ を導入した PVA 希薄水溶液に 365 nm 光を照射したときの 362 nm, 323 nm ならびに 268 nm における 4 次微分ピーク強度の露光時間依存性[11]

ることが読み取れる.

以上のように, 4 次微分スペクトルは吸収スペクトルでは知りえない知見を与える. これらの結果は, 以下に記すフィルムでの光反応挙動を解析する上で有効な情報となる.

4 微分スペクトルによる薄膜中での光反応挙動の解析

　光ラジカル重合や光カチオン重合を組み込んだフォトポリマーの場合には, 光架橋反応あるいは効率を直接的に吸収スペクトルで追随することができない. 一方, PVA-SbQ 薄膜での光二量化反応は光架橋に対応するので, その吸収スペクトルおよびその高次微分スペクトル変化を解析することは, ネガ型フォトポリマーの感光特性にアプローチするうえで有意義となる.

　4 種類の PVA-SbQ の薄膜それぞれに 365 nm 光を照射したときの吸収スペクトル変化を図 7.10 にまとめて示す. この結果から言えることは以下の通りである. ①希薄水溶液の場合と同様に, SbQ 導入率が多いほど λ_{max} が短波長へシフトし, とくに, 4 モル% PVA-SbQ で顕著である. ② 1.4 モル%および 4.0 モル% PVA-SbQ では, 光照射に伴って約 230 nm 以下の波長領域での吸光度が増大する. ③ 4.0 モル% PVA-SbQ の λ_{max} は, 光反応に伴って長波長へシフトしている. ④ 1.4 モル%および 4.0 モル% PVA-SbQ のスペクトル変化では見かけ上, 等吸収点が認められる.

　①および③から, 薄膜中で SbQ が H- 会合体を形成していることは明らかである. ②における短波長での吸光度の増大が光二量化生成物であるシクロブタン環由来のベンゼノイド吸収の増大によるものだとすると, H-会合体が速やかに光二量化反応を起こしていると推察される. H-会合体では, 対をなす 2 つの SbQ 骨格が重なるように配置され, いわば, 光二量化反応物の前駆体である. ところで, 吸収スペクトルにおける *cis* 体の寄与についてはこれ以上の

第7章 水溶性フォトポリマーPVA-SbQにおける会合体形成による高感度発現

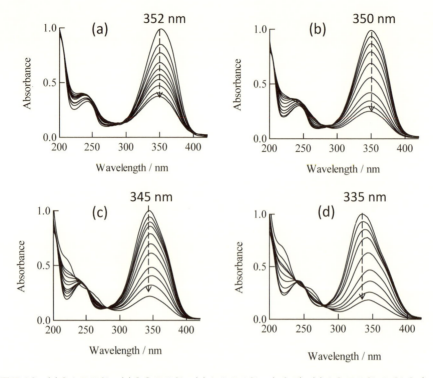

図7.10 (a) 0.1モル%，(b) 0.3モル%，(c) 1.4モル%，および，(d) 4.0モル%のSbQをPVAに導入した薄膜に365 nm光を照射したときの吸収スペクトル変化[11]

定量的な知見が得られない．また，薄膜中では非会合体および会合体が共存しているので，吸収スペクトル変化は非会合体および会合体それぞれの光二量化反応ならびに光異性化反応，さらには，会合体の非会合化という5つの素反応の総和に対応する．このように，吸収スペクトルでは個々の発色団の吸収帯が分離できず，個別の光化学反応に関する動力学的な情報を得ることはできない．それに対して，高次微分スペクトルはさらに立ち入った考察を可能とする．

希薄水溶液の場合と同様に，2つの波長領域に分割して議論を進める．図7.11は長波長領域における4次微分スペクトル変化の様子を示す．一見して，図7.7に示した希薄水溶液中での結果と似ている．0.1モル% PVA-SbQでは多くの等微分点が出現しており，孤立したSbQ基の光異性化反応が起こっていることがわかる（図7.11a）．0.3モル% PVA-SbQもほぼ同様な状況にある（図7.11b）．図7.11で最も顕著なことは，4.0モル% PVA-SbQにおける327 nmの新たな微分ピークの存在であり（図7.11d），これはH-会合体に帰属される．この会合体形成が光照射前の4.0モル% PVA-SbQ薄膜の吸収スペクトル形状の著しい変形をもたらしていることが理解できる．この微分ピークは光照射に伴って速やかに消失し，光二量化反応が効率よく進行していることがうかがえる．1.4モル% PVA-SbQでも，ほぼ同じ波長領域に新たな微分ピークが出現しており（図7.11c），H-会合体が光二量化前駆体として薄膜中に存在して

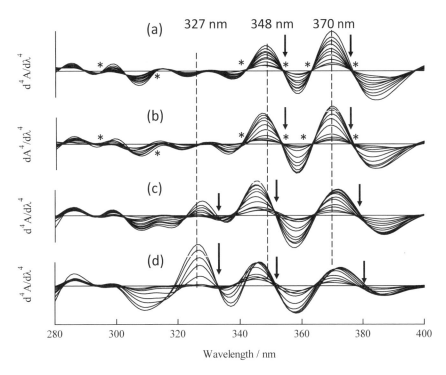

図 7.11 (a) 0.1 モル％，(b) 0.3 モル％，(c) 1.4 モル％，および，(d) 4.0 モル％の SbQ を導入した PVA 薄膜に 365 nm 光を照射したときの長波長領域での 4 次微分スペクトル変化

いることが明らかである．

一方，非会合 SbQ の 348 nm と 370 nm の微分ピークは，SbQ の導入率が 1.4 モル％および 4.0 モル％ではピーク位置がずれている．しかも，この 2 つのピークでの微分スペクトル変化には等微分点が認められない．これは，この長波長領域で J-会合体が新たに形成されている可能性を示唆する．しかし，これらの微分スペクトルからでもその特性は明らかではない．J-会合体の微分ピークが非会合 SbQ の微分ピークに近い波長に出現しているためであろう．

つぎに，短波長領域での微分スペクトル変化を見てみよう．図 7.12a は 0.1 モル％ PVA-SbQ の結果だが，この波長領域でも多数の等微分点が出現し，光異性化反応のみが起こっていることを支持する．薄膜中では SbQ 基の運動性が束縛されて光二量化が起こらないためであり，この薄膜を長時間にわたって光照射しても不溶化しない事実と一致する．図 7.12b に示す 0.3 モル％ PVA-SbQ では，等微分点からずれる箇所が認められ，光異性化反応だけでなく，光二量化反応も関与していることがうかがえる．実際に，長時間露光した薄膜の一部はゲル化するが，水膨潤度が高いために洗い落とされる．一方，1.4 モル％ PVA-SbQ では，図 7.12c が示すように，227 nm，261 nm および 269 nm の微分ピークが成長している．これらのピークは，水溶液でのスペクトル変化と同様に，光二量体の吸収帯に帰属できる．この状況は，図 7.12d

第7章 水溶性フォトポリマーPVA-SbQにおける会合体形成による高感度発現

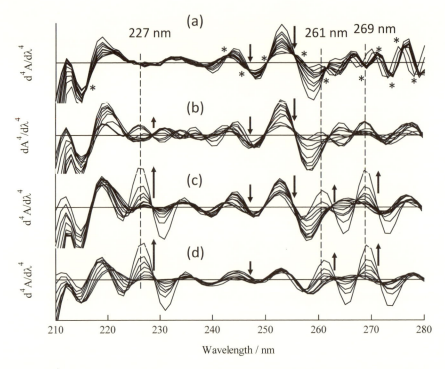

図 7.12 (a) 0.1 モル%，(b) 0.3 モル%，(c) 1.4 モル%，および，(d) 4.0 モル% の SbQ を導入した PVA 薄膜に 365 nm 光を照射したときの短波長領域での 4 次微分スペクトル変化

に示す 4.0 モル% PVA-SbQ でも同様である．これらの薄膜は光照射によって速やかに水に不溶となる．

　以上のように，4 次微分スペクトルへの変換によって，それぞれの PVA-SbQ の薄膜中での光反応挙動がさらに明らかとなる．高感度で不溶化する PVA-SbQ 薄膜中では H-会合体に帰属される新たな微分ピークが出現し，これが光二量化反応の先駆体として速やかな光架橋反応に寄与すると結論される．

5　感光挙動と微分スペクトル変化との相関

　これまでに記したスペクトル変化を解析する目的は，PVA-SbQ の光架橋性フォトポリマーとしてのユニークな感光挙動を解明することにある．そこで，1.4 モル% ならびに 4.0 モル% PVA-SbQ の感度曲線を図 7.13 に示す．この図から，365 nm での露光による残膜率（ゲル化率）がほぼ飽和に達する露光量は 2-3 mJ/cm^2 と見積もられる．この感度曲線の縦軸はゲル分率であり，光不溶化フィルムの水膨潤性を低減するためには，実際にはさらに露光量を増やす必要がある．しかし，光架橋性ネガ型フォトポリマーの光架橋率と光不溶化挙動を理論的に考

察する上で，このゲル分率の値が手掛かりを与える．

H-会合体の光反応性を知るために，図7.11c および図7.11d における会合体微分ピークの相対的な微分値（ΔD^4）を露光量に対してプロットした．その結果が図7.14である．1.4 モル% PVA-SbQ ではプロットにばらつきがあるが（図7.14a），H-会合体は 100 mJ/cm^2 以内で完全に消失している．4.0 モル% PVA-SbQ の場合には，H-会合体の消失は 10 mJ/cm^2 の露光量で完結している（図7.14b）．

吸収スペクトル変化から光二量化反応の様子を知ることは不可能だが，図7.12に示したように，226 nm，261 nm および 279 nm での微分ピークの ΔD^4 値によって光二量化反応の推移が読み取れる．その結果を図7.15にまとめる．この図における縦軸は規格化した ΔD^4 の変化量である．すなわち，露光量が 0 mJ/cm^2，x mJ/cm^2 および 17,000 mJ/cm^2 の D^4 値が D_0，D_x および D_∞ のとき，規格化した $\Delta D^4 = (D_x - D_0) / (D_\infty - D_0)$ である．図7.15a および図7.15c

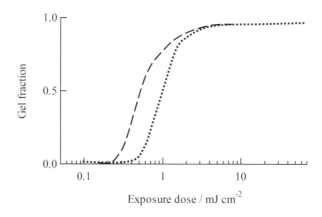

図 7.13 (a) 1.4 モル%（点線）および 4.0 モル%（破線）の SbQ を導入した PVA-SbQ の感度曲線[11]

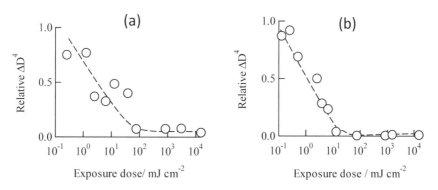

図 7.14 (a) 1.4 モル% および (b) 4.0 モル% の SbQ を PVA に導入した薄膜に 365 nm 光照射したときの H-会合体微分ピークの ΔD^4 の変化[11]

は 17 J/cm² まで露光したときの D^4 値の変化だが，2 つのポリマーともに初期の露光で D^4 は速やかに増加し，その後の ΔD^4 の増加は非常に遅い．光不溶化は初期の光照射によって決まるので，10 mJ/cm² 以下での露光での様子を図 7.15b および図 7.15d に示す．これらのグラフから，ゲル分率がほぼ飽和する露光量での D^4 値を見積もる．1.4 モル% PVA-SbQ では $\Delta D^4 \approx 0.08$ であり，4.0 モル% PVA-SbQ では $\Delta D^4 \approx 0.1$ となる．つまり，H-会合体のおよそ 10% 程度が光二量化反応による架橋構造を形成することによって，このポリマー薄膜が不溶化することを意味する．

　細かな議論になったが，微分スペクトルによる解析によって PVA-SbQ の光架橋，すなわち，感光挙動を定量的に考察した．ネガ型フォトポリマーの不溶化は光化学的な網目構造形成によるものだが，PVA-SbQ が例示するように，その架橋点間距離は思いのほか長い．このため，光架橋に基づくネガ型フォトポリマーでは，現像溶媒による膨潤を架橋点構造だけで対処することは困難である．一般論として，架橋点での構造だけでなくポリマー主鎖間での相互作用を考慮に入れた材料設計が，実用的な用途に応じたネガ型フォトポリマーの課題だといえる．

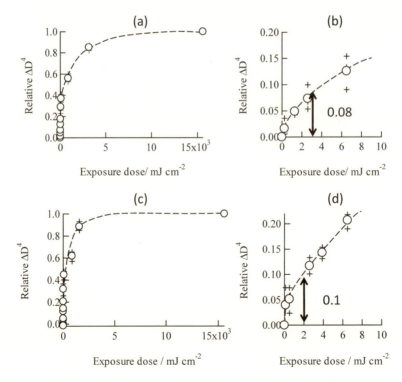

図 7.15　1.4 モル%（(a)および(b)），ならびに，4.0 モル%（(c)および(d)）の SbQ を導入した PVA 薄膜に 365 nm 光照射したときの 227 nm，261 nm および 269 nm の ΔD^4 値（＋）とその平均値（○）の露光量依存性

6 おわりに

　PVA-SbQ の感光メカニズムについては，筆者も含めていくつかのグループによって検討されてきた．会合体を経由する点では共通するが，2つの SbQ 基が平行に重なる配置をとる H-会合体と SbQ 分子の重心がずれた状態である J-会合体とが提案されていた．筆者は当初，たとえば 1.4 モル％ PVA-SbQ の吸収スペクトルの 360 nm 近傍に認められる弱いショールダーに着目し，これを J-会合体に帰属して光二量体の前駆体とする感光メカニズムとした[1a]．Allen らも SbQ に類似した感光基であるスチリルチアゾリウム塩を導入した PVA の光二量化反応は J-会合体経由とした[16]．一方，Shindo らは波形分離の手法に基づいて H-会合体経由を提案した[17]．このように，この種の特異的な水溶性フォトポリマーの感光メカニズムに関して決着がついていなかったが，本章で記した感光メカニズムの結果を論文として30年後にまとめた[11]．

　本章で取り上げた PVA-SbQ にとどまらず，第6章で取り上げたように，他の光架橋型フォトポリマーについても高次微分スペクトルによる解析は新たな知見を与える．

〈文　献〉

1) a) K. Ichimura, *J. Polym. Sci., Polym. Chem. Ed.*, **20**, 1411 (1982); b) K. Ichimura and S. Watanabe, *J. Polym. Sci., Polym. Chem. Ed.*, **20**, 1419 (1982).
2) a) 市村, 高分子加工, **33**, 443 (1983); b) 市村, 表面, **28**, 686 (1990); c) K. Ichimura, *Heterogen. Chem. Rev.*, **3**, 419 (1996); d) 市村, 機能材料, **32**(9), 41 (2012).
3) K. Ichimura, *J. Polym. Sci., Polym. Chem. Ed.*, **22**, 2817 (1984).
4) 市村, 上野, 日化, 375 (1984).
5) 市村, 三島, 渡辺, 用水と廃水, **29**, 742 (1987).
6) 岩田, 雨宮, 阿久津, 人工臓器, **18**, 1324 (1989).
7) a) K. Rasmussen, P. R. Willemsen and K. Østgaard, *Biofoul.*, **18**, 177 (2002); b) T. Murosaki, T. Noguchi, A. Kakugo, A. Putra, T. Kurokawa, H. Furukawa, Y. Osada, J. P. Gong, Y. Nogata, K. Matsumura, E. Yoshimura and N. Fusetani, *Biofoul.*, **25**, 313 (2009).
8) Y. Liu, B. Bolger, P. A. Cahill and G. B, McGuinness, *Mater. Lett.*, **63**, 419 (2009).
9) 小松, 市村, *J. Photopolym. Sci. Technol.*, **2**, 237 (1989).
10) K. Ichimura, *Makromol. Chem.*, **188**, 2973 (1987).
11) K. Ichimura, S. Iwata, S. Mochizuki, M. Ohmi and D. Adachi, *J. Polym. Sci. Part A: Polym. Chem.*, **50**, 4094 (2012).
12) 玉田, 前島, 安田, 市村, 山内, 高分子論文集, **47**, 845 (1990).
13) G. Quinkert, *Angew. Chem. Int. Ed.*, **84**, 1157 (1972).
14) K. Ichimura, *Bull. Chem. Soc. Jpn.*, **89**, 549 (2016).
15) K. Ichimura, *Bull. Chem. Soc. Jpn.*, **90**, 411 (2017).
16) a) N. S. Allen, I. C. Barker, M. Edge, J. A. Sperry and R. J. Batten, *J. Photochem. Photobiol. A;*

第 7 章 水溶性フォトポリマーPVA-SbQ における会合体形成による高感度発現

Chem., **68**, 227 (1992); b) I. C. Barker, N. S. Allen, M. Edge, J. A. Sperry and R. J. Batten, *J. Chem. Soc. Faraday Trans.*, **90**, 3677 (1994).

17) Y. Shindo, Y. Yamada, J. Kawanobe and K. Inoue, *J. Photopolym. Sci. Technol.*, **15**, 153 (2002).

第8章
アゾベンゼンポリマーの会合体形成と光異性化反応

1 アゾベンゼンポリマーと光機能性

　アゾベンゼン誘導体は，光機能材料の学術的な研究分野で好まれる分子の代表例である．光異性化反応が可逆的に効率よく起こり，かつ，その可逆性が高いためであり，しかも，さまざまな誘導体の合成が容易であることによる．その全体像を把握するのが困難なほど，じつに多種多様な材料系に組み込まれ，紫外線と可視光を交互に照射し，それらの材料系の巨視的な特性を可逆的に光で制御する多くの例が報告されている[1]．たとえば，光配向材料への展開が挙げられる[2]．筆者もアゾベンゼンを組み込んだ多くの光機能材料を取り上げてきた．一方，光機能性を発現するアゾベンゼン系材料が実用的な活路を見出している例はあるかもしれないが，筆者はその具体例を知らない．基礎と応用での落差が大きいようだが，この種の発色団が実用面で意義がないわけではない．アゾベンゼンを組み込んだ材料系での基礎的な知見が他の光反応性分子をベースとする光機能材料へ展開され，それが実用的な意義を持つからである．

　アゾベンゼンは，高次微分スペクトルを理解するうえで好都合な発色団である．その光異性化反応は副反応を伴わないので，その高次微分スペクトル解析を行う際には2つの幾何異性体だけを考慮すればいい．したがって，アゾベンゼン発色団が孤立している場合には，光異性化に伴う高次微分スペクトルの測定波長範囲全体にわたって等微分点が観測される．言い換えると，等微分点からずれるスペクトル変化が観測される場合には，その波長範囲でアゾベンゼン発色団の会合が関与している可能性が高い．本章では，アゾベンゼン発色団が局所的に高濃度で存在する系としてアゾベンゼンを側鎖に有するホモポリマーを取り上げ，その光異性化反応による微分スペクトル変化から会合体の関与を明らかにする．

　はじめに，会合体が形成されない希薄溶液中での光異性化反応を取り上げる．本書での最初の図はアゾベンゼン溶液のスペクトルだが，ここで改めて，その溶液中での微分スペクトルを

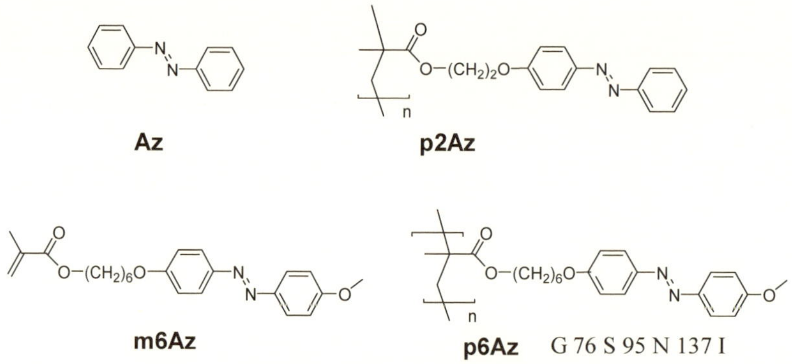

第8章 アゾベンゼンポリマーの会合体形成と光異性化反応

図8.1 本章で取り扱う化合物

検討する．ついで，アゾベンゼン基を側鎖に有する非晶性ポリマーを対象とし，そのフィルム中では会合体形成が関与していることを示す．ここで重要なことは，光照射に伴う吸収スペクトル変化で等吸収点が出現しても，微分スペクトル変化では等微分点からずれる場合がある事実である．分光分析の教科書の中に，等吸収点の発現は反応の単一性を示すうえでの必要条件ではあるが十分条件ではない，との指摘がある[3]．つまり，等吸収点の存在はかならずしも化学反応の単一性を意味するものではない，ということである．しかし，筆者の知る限りその実例の報告はなかった．そのため，化学反応に伴う紫外可視スペクトル変化で等吸収点が出現することを根拠とし，たとえば，先験的に一次反応速度論の解析が行われてきた．これに対する警鐘となりうる新たな実例を提示する．

つぎに，会合体が顕著に形成される系として，液晶性アゾベンゼンポリマーを取り上げる．この種のポリマーは液晶光配向膜の開発にあたって基礎的な知見を与えるからである．そのフィルムに直線偏光を照射すると，アゾベンゼン単位の光再配向速度が非会合体と会合体とで異なることを示す．なお，本章で取り扱う化合物およびそれらの略称を図8.1にまとめる．

2 アゾベンゼン希薄溶液でのスペクトル変化

アゾベンゼン（Az）の希薄溶液に紫外線を照射したときの吸収ならびに4次微分スペクトルについては，すでに第2章に示した．そこでの目的は，全波長領域で多数の等微分点が出現するので，吸収スペトルにおける等吸収点よりずっと精密に反応の単一性を検証できることを示すことであった．さらに，微分スペクトルを用いることによって cis 体の吸収スペクトルを推定できること，したがって，光異性化反応率が追跡可能であることについて言及した．本節では，この点について補足的に説明する．

図8.2には，Azの希薄溶液に313 nmの紫外線を照射したときの吸収スペクトル変化ならび

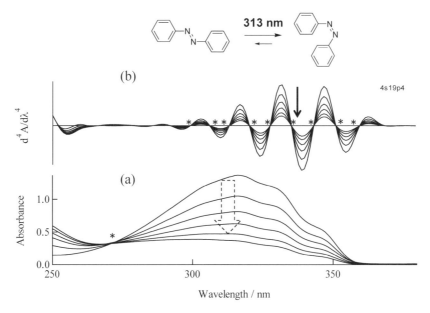

図 8.2 アゾベンゼンの光異性化反応に伴う(a)吸収および(b) 4 次微分スペクトル変化
＊印は等吸収点あるいは等微分点を示す．

にその 4 次微分スペクトル変化を，長波長側の吸収帯に限定して再掲する．この際のスムージングについては第 4 章を参考にされたい[4]．ここでの注目点は，長波長側での 3 つの微分ピークにおけるスペクトル変化を見ると，等微分点がゼロ線に一致していることである．第 3 章第 6 節で二成分系の微分スペクトルシミュレーションの結果に基づいて詳述したように，A および B からなる二成分系において，B の吸収がない波長領域，あるいは，B の吸収帯が幅広のために実質的に微分強度がゼロに近似できる波長領域では，微分ピーク変化は B のみの濃度変化に対応する．したがって，これらの微分ピークでの 4 次微分値（D^4）変化から光異性化の反応曲線が求められる．その結果を図 8.3 に示す．ここから微分スペクトルによる動力学的な解析が可能となる．

ここで言及すべきことは，光を十分に照射した際の光定常状態における異性体の比率が容易に算出できることである．ちなみに，この照射条件では，光定常状態での *trans* 体は 23.6% と見積もられる．この値を用いて光定常状態での吸収スペクトルから *trans* 体の成分を差し引けば，*cis* 体の吸収スペクトルが得られる．この手順により，*cis* 体を単離精製することなくその吸収スペクトルを推定できる．Az そのものの *cis* 体は結晶として単離できるが，パラ位あるいはオルト位に電子供与性の置換基を導入したアゾベンゼン誘導体の *cis* 体は熱的に不安定であり，単離精製は困難もしくは不可能である．たとえば，*p*-アミノ置換アゾベンゼン誘導体は溶液中でも *trans* 体へ容易に暗所で異性化するので，*cis* 体の吸収スペクトルを精度よく室温で得ることはできない．このような際には，微分スペクトルを用いる手法が貴重となる．

第8章 アゾベンゼンポリマーの会合体形成と光異性化反応

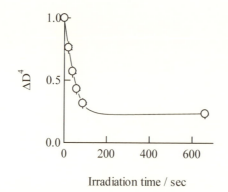

図 8.3　ヘキサン溶液中のアゾベンゼンに 313 nm 光を照射したときの 317 nm, 332 nm および 347 nm における規格化した 4 次微分値（ΔD^4）の変化
　　　○は平均値.

3　非晶性アゾベンゼンポリマーの溶液および薄膜

　1972 年に Paik と Morowetz が報告して以来，アゾベンゼン基が導入されたさまざまなポリマーが合成され，光異性化反応に伴う分子体積の変化と固体ポリマーの自由体積との相関が議論されてきた．また，両異性体の双極子モーメントの違いに着目した可逆的なポリマーバルクの極性変化，表面レリーフグレーティング（SRG）の形成，直線偏光や斜め光の照射による光配向など，多種多様な光機能性を発現するポリマーへの展開が積み上げられてきた．これらの光機能性ポリマーの研究では，紫外線と可視光照射による可逆的な光異性化反応を巨視的なポリマー物性に転換することを目的とするので，アゾベンゼン単位の光異性化反応に対する動力学的な確認がなされることなく，可逆的なポリマーの特性を巨視的に評価し，光機能性を議論することが基本となっている．言い換えると，固体ポリマー中でのアゾベンゼンの光異性化反応は希薄溶液中と同様だ，ということが前提になっている．実際に，筆者らはアゾベンゼンポリマーの薄膜を光配向膜とする研究を積み重ねてきたが，主たる関心は光照射によって発現する光学異方性であり，光異性化反応そのものに重点をおく検討はほとんど行わなかった．

　本節では，筆者らが初期の液晶光配向研究に用いた非晶性アゾベンゼンポリマーである p2Az を取り上げ[5]，その光異性化反応を微分スペクトルによって検討した結果を記す[6]．図 8.4a は，p2Az のジオキサン溶液（実線）および膜厚 22 nm の薄膜（点線）の吸収スペクトルである．薄膜と溶液の吸収スペクトルを比較すると，薄膜でのスペクトルは極大波長前後で若干膨らみを持つ．図 8.4b に示す 4 次微分スペクトルによれば，薄膜中での振動準位遷移の微分ピークは溶液中に比較して長波長側にシフトしており，これが吸収スペクトルでの極大波長より長波長側での膨らみの原因であることが分かる．矢印が示すように，およそ 320 nm から 330 nm での薄膜の 4 次微分スペクトルの形状は，溶液中と異なっている．

つぎに，溶液および薄膜に 365 nm 光を照射したときのスペクトル変化を比較する．図 8.5a はジオキサン溶液の結果だが，この測定波長領域で等吸収点が認められる．常法にしたがえば，溶液中では非会合のアゾベンゼン残基の光異性化反応のみが起こっていることになる．図 8.6 は厚みが 137 nm の薄膜での結果だが，この場合も図 8.6a に示すように，吸収スペクトル変化には 2 つの等吸収点が認められる．常法にしたがえば，薄膜中でも光反応は単一だと判定される．

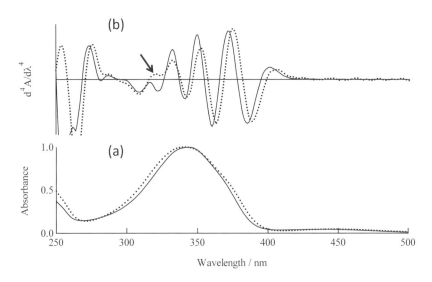

図 8.4　p2Az の溶液（実線）および薄膜（点線）の規格化した(a)吸収および(b) 4 次微分スペクトル

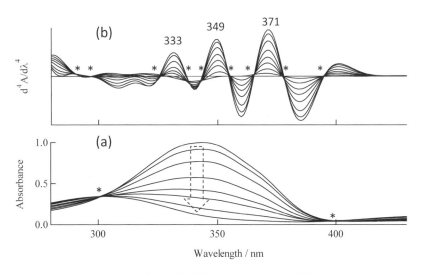

図 8.5　p2Az のジオキサン溶液に 365 nm 光を照射したときの
(a)吸収スペクトル変化および(b) 4 次微分スペクトル変化
＊印は等吸収点および等微分点を示す．

第 8 章　アゾベンゼンポリマーの会合体形成と光異性化反応

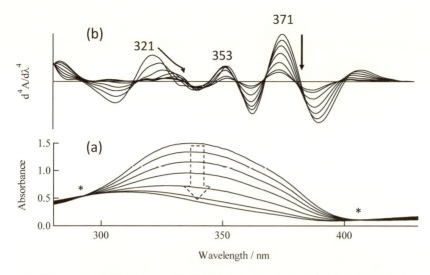

図 8.6　p2Az 薄膜に 365 nm 光を照射したときの(a)吸収スペクトル変化および(b) 4 次微分スペクトル変化
＊印は等吸収点を示す．日本化学会の許可を得て文献 6 より転載．

　図 8.5b はジオキサン溶液の場合だが，その 4 次微分スペクトル変化では多くの等微分点が認められる．したがって，溶液中では単一の光異性化反応が進行することが確認できる．ところが，図 8.6b に示す薄膜での 4 次微分スペクトル変化では，その形状は溶液中とは異なる．321 nm に新たな微分ピークが出現し，光照射によりピーク強度が減少するとともにピーク波長が長波長へシフトしている．しかも，等微分点は認められない．これは，321 nm に H-会合体が形成されており，紫外線照射に伴う H-会合体の解離および cis 体への光異性化反応という 2 つのプロセスが関与しているとして合理的に説明できる．つまり，微分スペクトルによる解析により，等吸収点が反応の単一性を判定する必要十分な方法でないことを意味する[3]．
　薄膜での光異性化挙動が単一ではないことを検証するために，第 6 章および第 7 章で用いた ED ダイアグラムを取り上げる．図 8.7a は p2Az のジオキサン溶液中での結果だが，340 nm の吸光度変化に対する各波長での吸光度変化は直線に乗っており，光異性化反応の単一性が確認できる．図 8.7b は薄膜での ED ダイアグラムであり，とくに，310 nm，320 nm，330 nm での吸光度変化は直線から大きくずれている．ポリマーフィルム中では，非会合ならびに H-会合体の光異性化反応という 2 種類の反応が起こっているからである．H-会合体の光異性化反応によるスペクトル変化が等吸収点での波長以外の波長領域で観察されるために，吸収および 4 次微分スペクトルでの食い違いが発生する．
　このように，吸収スペクトル変化での等吸収点の出現は，反応が単一であることをかならずしも支持するのではない．つまり，等吸収点は単一反応を支持する必要条件ではあるが，十分

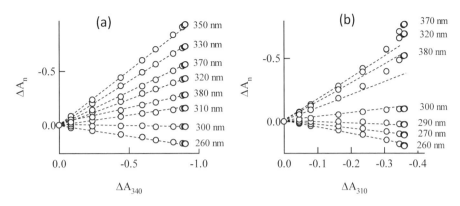

図 8.7 p2Az の(a)ジオキサン溶液中および(b)薄膜での吸収スペクトル変化における ED ダイアグラム
日本化学会の許可を得て文献 6 より転載.

条件ではないことを意味する[3]. しかしながら, この実状を明快に示す報告例がなかったために, これまでに数多くの非晶性アゾベンゼンポリマー薄膜の吸収スペクトル変化が測定され, 光反応は単一だという前提のもとに, 吸収極大波長の変化量を基にして動力学的な検討が行われてきた. 筆者らもそうであった. アゾベンゼン濃度が高いホモポリマー薄膜の光反応解析では会合体の関与を無視してきた可能性があり, 学術的な問題提起でもある.

また, アゾベンゼン類をポリマー以外にもさまざまな材料系に組み込み, その可逆的な光反応に基づく多種多様な光機能材料の研究が行われている. 光機能発現のために高濃度のアゾベンゼン類が組み込まれるから, 会合体が形成されやすい. これらの場合も, 吸収スペクトル変化だけで光異性化反応を解析することは不適切だということになる. さらに言えば, アゾベンゼン系以外の光反応性発色団でも同様なことが発生する可能性がある. 速度論的な検討を行う際には, 少なくとも ED-ダイアグラムによる検証が必要と考える. 二成分系での微分スペクトル変化では, 吸収帯領域全体にわたって数多く等微分点が現れるから, 反応性の単一性を議論するうえで好適な手法といえる.

4 液晶性アゾベンゼンポリマー薄膜への非偏光照射

アゾベンゼン系ポリマーは, その薄膜に直線偏光や斜め方向からの光照射によって可逆的に光学異方性フィルムとすることができ, 光配向膜の基礎的な知見を積み重ねるうえで都合がよい. 液晶性アゾベンゼンポリマーは, 非晶性ポリマーより一桁大きな光学異方性を発現するので, 液晶光配向膜などの実用的用途を目指すうえで貴重な知見を与える. たとえば, 図 8.1 に示す p6Az は典型的な液晶性ポリマーである. その薄膜に直線偏光を照射すると, p2Az のような非晶性ポリマーよりずっと大きな光学異方性が発現される[7-9]. また, 非偏向の光照射で

第8章 アゾベンゼンポリマーの会合体形成と光異性化反応

も入射方向へアゾベンゼン基が再配向するので，斜め非偏光照射によってアゾベンゼン残基がチルト配向した光学異方性薄膜が調製できる．さらに興味深いことに，このポリマー薄膜を太陽光にさらすと，アゾベンゼン長軸は太陽の軌道運動に沿って能動的に再配向する[9]．その模式図を図8.8に示す．筆者らは，この太陽光による光再配向現象がキラリティー発現をもたらしうるという仮説を提案したことがある[10]．このように光配向という観点から，光配向膜中でのアゾベンゼン残基の配向方向とその上に設けたネマチック液晶のプレチルト角との相関を検討するなど，液晶配向膜における基礎研究を行った．

アゾベンゼン骨格はメソゲンであるため，アゾベンゼン系液晶性ポリマーでは会合体形成が顕著となり，会合体の光応答性はこの種のポリマーを光機能材料として組み上げるうえでも興味深い．しかし，光応答性液晶ポリマーの主たる関心は，光学異方性発現，表面レリーフグレーティング形成，フィルム形状の可逆的変化などといった光照射によるバルク特性の発現あるいは制御が主たるものであり，会合体に着目した光化学的な挙動に関する研究例は少ない．

p6Azの溶液および薄膜での吸収スペクトルを図8.9aに示す[11]．実線で示すジオキサン溶液中とは大きく異なり，一点鎖線で示した薄膜での吸収スペクトルは，極大波長前後に吸収帯が大きく広がっている．図8.4aの非晶性ポリマーp2Azと対照的である．図8.9aには，モノマーであるm6Azの溶液スペクトルも実線として示されているが，p6Azのスペクトルとほぼ一致している．これからp6Azのアゾベンゼン側鎖残基は溶液中で会合しないことが分かる．これをさらに確認するために，それぞれの2次および4次微分スペクトルを図8.9bおよび図8.9cに示す．これらの微分スペクトルにおいて溶液中でのポリマー（点線）およびモノマー（実線）に着目すると，いずれの場合も両者のスペクトル形状は良く一致しており，p6Azのアゾベンゼン残基は溶液中で会合しないと結論される．

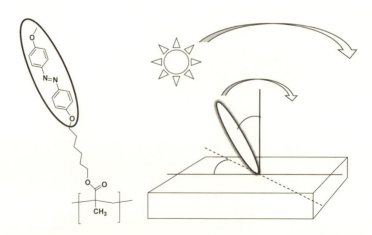

図8.8 薄膜中で太陽の軌道運動に追随するp6Azアゾベンゼン残基の光配向
日本化学会の許可を得て文献10より転載．

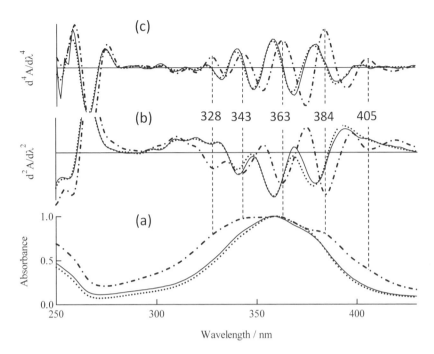

図 8.9 pAz6 のジオキサン溶液（実線）および薄膜（一点鎖線）ならびに mAz6 のジオキサン溶液（点線）での(a)吸収スペクトル，(b) 2 次微分スペクトル，および，(c) 4 次微分スペクトル
The Royal Society of Chemistry の許可を得て文献 11 より転載．

つぎに，p6Az の薄膜（一点鎖線）および溶液（実線）での微分スペクトルを比較する[11]．第一に注目すべき点は，4 次微分スペクトルでの 405 nm ピークの帰属である．溶液ではポリマー，モノマーともに，400 nm 近傍にサテライトピークがあるが，405 nm に微分ピークはない．このサテライトピークの帰属は，2 次微分スペクトルと比較すればよい．第 1 章の図 1.3 で示したように，2 次微分スペクトルには下に凸のサテライトピークはないからである．したがって，405 nm の微分ピークは薄膜での特有な分子種，すなわち，J-会合体に帰属できる．第二に，4 次微分スペクトルでの 343 nm，363 nm および 384 nm の微分ピークは非会合体の振動準位遷移に帰属される．第三に 328 nm の微分ピークの帰属だが，非会合体の振動準位遷移吸収帯あるいは H-会合体の可能性が高い．

しかし，この微分スペクトル形状からだけでは，明快な帰属は困難である．以下に示すように，光異性化反応に伴う微分スペクトル形状の変化によってはじめて，H-会合体への帰属が妥当と判断される．J-会合体と H-会合体では，平面性分子が重なる度合いが大きく異なる[12]．図 8.10 に示すように，H-会合体では分子平面の方向と 2 つの分子の中心とがなす角 α が十分に小さいのに対して，J-会合体では α が十分に大きく，分子同士が大きくずれている．それぞれの会合体の生成割合は微分スペクトルからでも見積もることができないが，会合体の有無に関する議論は可能である．

第8章 アゾベンゼンポリマーの会合体形成と光異性化反応

　この液晶ポリマーは76℃でスメクチック(S)相となり，95℃でネマチック(N)相への相変化を経て137℃で等方相となる．以下の実験は，S相となる85℃で436 nmの非偏光を照射し，吸収スペクトル測定は室温で行っている[11]．この光照射時での温度では，*cis* 体は *trans* 体へ熱的に異性化し，吸収スペクトルでは実質的に *trans* 体のみが対象となる．図8.11に吸収スペクトルならびにその4次微分スペクトルでの変化を示す．図8.11aでの吸収スペクトル変化では，吸収が全域にわたって単調に減衰している．これは436 nmの励起光がもっとも吸収されない

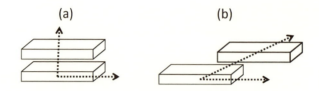

図8.10　(a) H-会合体および(b) J-会合体の模式図

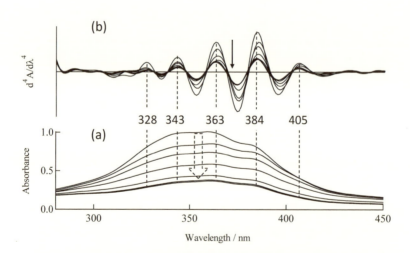

図8.11　pAz6フィルムに非偏向365 nm光を85℃で照射したときの (a)吸収および(b) 4次微分スペクトル変化

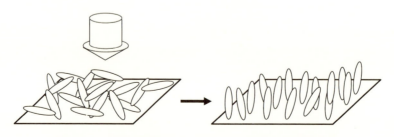

図8.12　非偏光照射によるアゾベンゼン残基の面外再配向

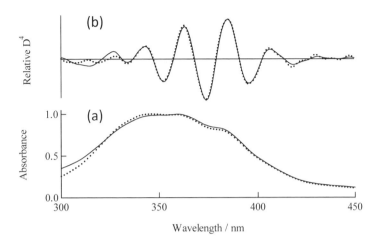

図 8.13　pAz6 フィルムに非偏向 365 nm 光を 85℃で照射した前（実線）と後（点線）での(a)規格化吸収スペクトルおよび(b) 4 次微分スペクトル

方向，すなわち，基板に対して垂直方向へ trans-アゾベンゼン基が再配向するためである．これは，斜め光照射によるチルト配向の原理でもある[13]．その様子を図 8.12 に模式的に示す．ちなみに，次節で取り上げる直線偏光照射による二色性発現は Weigert 効果として古くから知られていたが，非偏光でも二色性あるいは光学異方性が誘起される現象は，筆者らによってはじめて明らかにされた[5d]．図 8.11b の微分スペクトル変化では，343 nm，363 nm，384 nm での非会合体の微分ピークの減衰とともに，328 nm の H-会合体および 405 nm の J-会合体の微分ピークが独立して減衰している．原理的には，それぞれの波長における D^4 値を露光量に対してプロットすれば，個々の状態での再配向の様子を個別に追跡できるが，プロットのばらつきが無視できないので，これ以上の議論を避ける．

　図 8.13 は，非偏光照射前と十分な露光を施した後での規格化された吸収スペクトルならびに 4 次微分スペクトルである．両者に大きな違いはない．とくに，4 次微分スペクトルにおけるアゾベンゼン残基の振動準位遷移に帰属される微分ピークは，光照射前後で形状が一致している．したがって，この光照射条件では cis 体は生成していないことが確認できる．

5　液晶性アゾベンゼンポリマー薄膜への直線偏光照射

　光反応性ポリマー薄膜に直線偏光を照射し，その偏光吸収スペクトルを測定することによって Weigert 効果が議論される．このため，照射光の偏波面に対して垂直および平行な偏波面をもつ測定光でそれぞれ吸収スペクトルを測定する．垂直および平行方向の測定光での吸光度を A_s および A_p で表すとき，それらを波長に対してプロットしたのが偏向吸収スペクトルである．二色比は $(A_s - A_p)/(A_s + A_p)$ で表される．ここで，s は垂直（senkrecht），p は平

行（parallel）を意味する．通常は，A_s および A_p の値は最大吸収波長での吸光度が用いられる．また，$A_s - A_p$ によって二色性を簡略的に数値化する場合もある．

　p6Az 薄膜に 436 nm の直線偏光を 85℃で照射し，室温で吸収スペクトル測定を行った時の垂直モニター光での偏向吸収ならびに4次微分スペクトルの変化を図 8.14 にまとめる[11]．光照射に伴って吸収が増強するのは，アゾベンゼン基の長軸方向が照射光の偏波面に対して垂直方向に再配向するためである（図 8.15）．吸収スペクトル変化に着目すると，約 320 nm 近傍での吸光度は他の波長に比べて相対的に増強の程度が大きい．つまり，再配向によって H-会合体が優先的に生成していることが示唆される．それに対して4次微分スペクトル変化では，H-会合体に帰属されるピークの成長が非会合体のピークに比べて低いのは，非会合体の振動準位遷移の吸収帯に比べて非会合体吸収の半値幅が広いためである．

　どの分子種が垂直方向へ再配向しやすいかを知るために，偏光照射前後における垂直モニター光による偏向吸収スペクトルを規格化し（図 8.16a），その4次微分スペクトルを求めた．結果を図 8.16b に示す．384 nm での非会合体および 407 nm での J-会合体の微分強度は露光

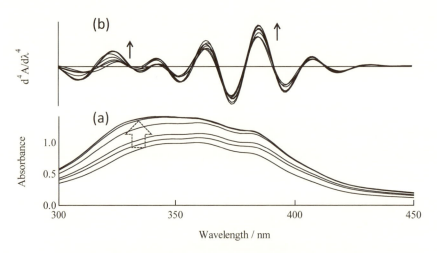

図 8.14　pAz6 の薄膜に直線偏光 365nm 光を 85℃で照射したときの垂直モニター光による(a)偏向吸収および(b) 4 次微分スペクトル変化

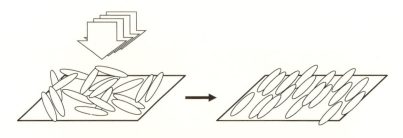

図 8.15　直線偏光照射によるアゾベンゼン残基の面内再配向

前後でほとんど変わっていないことから，これらは再配向に関与していないことがわかる．一方，H-会合体に対応する326 nmでの微分ピークは，直線偏光照射後には324 nmへと若干低波長シフトするとともに，相対的なD^4値が増大している．これは$trans$体が照射偏光面に対して垂直方向へH-会合体形成をともなって再配向していることを示唆する．363 nmの非会合体ピーク強度が変化しているのは，再配向によってH-会合体形成が増強される影響を受けているためであろう．このように，アゾベンゼン基の存在状態によって光再配向の様子が異なる．

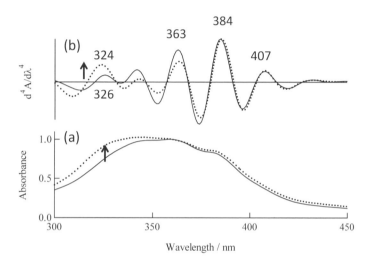

図8.16 pAz6の薄膜に直線偏向365 nm光を85℃で照射した前（実線）と後（点線）での垂直モニター光による(a)規格化した偏向吸収および(b)その4次微分スペクトル

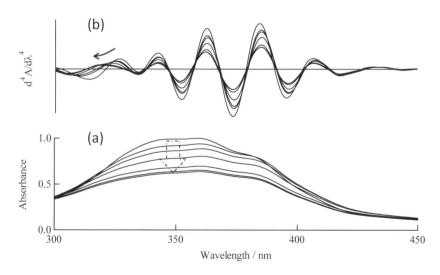

図8.17 pAz6の薄膜に直線偏向365 nm光を85℃で照射したときの平行モニター光による(a)偏向吸収および(b)4次微分スペクトル変化

第8章　アゾベンゼンポリマーの会合体形成と光異性化反応

　つぎに，直線偏光照射に伴う平行モニター光による偏向吸収スペクトル，ならびに，その4次微分スペクトル変化を図8.17に示す．吸収スペクトルは単調に減少するが，4次微分スペクトルでの変化では，非会合体とJ-会合体の微分ピーク波長はほぼ一定のまま，それぞれのD^4値が減衰している．それに対して，H-会合体に帰属される微分ピークは直線偏光照射とともに低波長へシフトしている．この様子は，光照射前後での吸収スペクトルを規格化し，そのスペクトルならびに4次微分スペクトルを比較することによって明瞭となる．図8.18aに見るように，約330 nm以下での吸収帯が増強している．図8.18bに示す4次微分スペクトルから，この状況はH-会合体の増加と短波長シフトによることが明らかとなる．

　以上の結果から，この液晶性アゾベンゼンポリマーに直線偏光照射すると，非会合体および2種類の会合体それぞれが異なる効率で再配向していることがうかがえる．偏光照射によって発現する二色性の4次微分スペクトルによって，この様子はさらに明瞭となる．ここで二色性を$A_s - A_p$とし，その値を波長に対してプロットした結果が図8.19aである．この図から，照射時間に応じて測定波長領域全体にわたって$A_s - A_p$が増大していることが分かる．図8.19bは，この二色性スペクトルを4次微分した結果である．ここから，$A_s - A_p$の成長速度が分子種によって異なることが明瞭となる．そこで，H-会合体，非会合体およびJ-会合体に対応する323 nm，385 nmおよび407 nmでの規格化したD^4値を照射時間に対してプロットした．その結果が図8.20である．アゾベンゼンの存在状態によって光再配向の速度は明らかに異なる．□印の非会合体が最も早く再配向しており，ついで，△印のJ-会合体が続き，○印のH-会合体が最も遅い．これは妥当な結果である．非会合体では再配向に要する分子体積がもっとも小さいであろうし，2つの平面分子が重なり合ったH-会合体では，その分子体積は大きい．

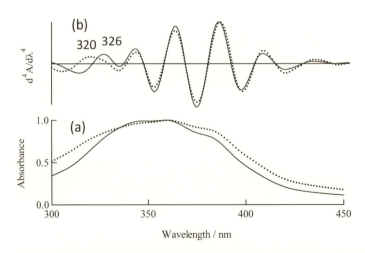

図8.18　pAz6の薄膜に直線偏向365 nm光を85℃で照射した前（実線）後（点線）での平行モニター光による(a)規格化した偏向吸収および(b) 4次微分スペクトル

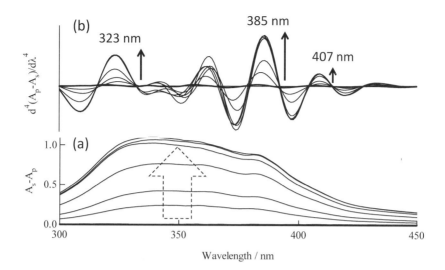

図 8.19　pAz6 の薄膜に直線偏向 365 nm 光を 85℃で照射したときの(a)二色性（As–Ap）スペクトル変化および(b)その 4 次微分スペクトル変化
The Royal Society of Chemistry の許可を得て文献 11 より転載.

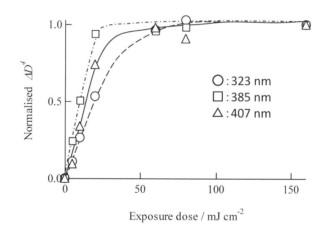

図 8.20　二色性スペクトルにおける規格化された 4 次微分値（ΔD^4）の露光量依存性
モニター波長：323 nm（○），385 nm（□）および 407 nm（△）.
The Royal Society of Chemistry の許可を得て文献 11 より転載.

　ここで，波形分離によってアゾベンゼン会合体を見積もった 2 つの論文について触れておきたい[14,15]．これらの論文では p-メトキシアゾベンゼンを側鎖に導入したポリマーを用いており，それらの薄膜の吸収スペクトルは図 8.5a および図 8.6b に示した吸収スペクトルと類似している．それぞれ波形分離によって H- および J-会合体の極大波長 λ_{max} を特定しているが，その結果は本章での波長とずれている．とくに，文献 15 に示されている図では，吸収スペクトルとフィッティング後のスペクトル形状の一致の程度は良好ではない．振動準位遷移を無視し

たフィッティングのためであり，これらの論文の結論は不適切と判断する．

高次微分スペクトルは光反応挙動に新たな知見を生み出すだけでなく，二色性という光学特性を評価解析するうえで貴重なアプローチを与える．この手法は液晶光配向膜の特性解析に有用である．

6 まとめ

アゾベンゼン希薄溶液の結果を踏まえ，アゾベンゼン基を側鎖にもつ非晶性および液晶性ポリマーの光異性化挙動を4次微分スペクトル変化によって解析した．分子会合が起こらない希薄溶液中でのアゾベンゼンでは，その光異性化反応に伴う4次微分スペクトル変化で発現する多数の等微分点によって反応の単一性が明確に検証でき，しかも微分ピークの D^4 値の変化によって cis 体のスペクトル情報なしに光反応率が算出できる．

非晶性ホモポリマー薄膜では，光異性化反応に伴う吸収スペクトルで等吸収点が発現するので反応が単一であると推定される．しかし，その4次微分スペクトル変化では等微分点からずれる波長範囲があることが判明し，薄膜中でH-会合体が形成されていることがわかった．従来の吸収スペクトルによる光反応の単一性の検証は等吸収点の発現をよりどころとするが，以上の結果により，等吸収点の存在は必要条件ではあるが十分条件ではないことが実証された．

アゾベンゼン基で側鎖置換された液晶性ポリマーのフィルムは，溶液とは大幅に異なる吸収スペクトルを示す．このスペクトル形状変化は，J-会合体ならびにH-会合体形成に起因することが4次微分スペクトルによって明らかとなった．さらに，そのフィルムに436 nm の直線偏光を照射すると，非会合体，J-会合体ならびにH-会合体の光再配向速度が異なることがわかった．ちなみに，光再配向速度は，非会合体＞J-会合体＞H-会合体である．光誘起二色性発現を含めて，高次微分スペクトルは光配向研究の新たな解析手法となる．

〈文　献〉

1) a) R. H. El Halabieh, O. Mermut and C. J. Barrett, *Pure Appl. Chem.*, **76**, 1445, (2004); b) E. Merino, *Chem. Soc. Rev.*, **40**, 3835 (2011); E. Merino and M. Ribagorda, *Beilstein J. Org. Chem.*, **8**, 1071 (2012).

2) a) K. Ichimura, *Chem. Rev.*, **100**, 1847 (2000); b) N. Kawatsuki, *Chem. Lett.*, **40**, 548 (2011); c) T. Seki, *Polym. J.*, **46**, 751 (2014); d) T. Seki, S. Nagano and M. Hara, *Polymer*, **54**, 6053 (2013); e) T. Seki, *J. Mater. Chem. C*, **4**, 7895 (2016); f) H. Krishna-Bisoyi and Q. Li, *Chem. Rev.*, **116**, 15089 (2016).

3) a) G. D. Christian, P. H. Dasgupta and H. A. Schug, "*Analytical Chemistry, 7th ed.*," Wiley, New York, 2013, pp. 528-529; b) 今任・角田監訳，「クリスチャン分析化学II．原書7版　機器分析編」，丸善出版 (2017), pp.53-54.

4) K. Ichimura, *Bull. Chem. Soc. Jpn.*, **89**, 1072 (2016).
5) a) K. Ichimura, H. Akiyama, N. Ishizuki and Y. Kawanishi, *Makromol. Chem., Rapid Commun.*, **14**, 813 (1993); b) H. Akiyama, K. Kudo and K. Ichimura, *Macromol. Chem., Rapid Commun.*, **16**, 35 (1995); c) H. Akiyama, Y. Akita, K. Kudo and K. Ichimura, *Mol. Cryst. Liq. Cryst.*, **280**, 91 (1996); d) K. Ichimura, S. Morino and H. Akiyama, *Appl. Phys. Lett.*, **73**, 921 (1998); e) H. Akiyama and K. Ichimura, *Mol. Cryst. Liq. Cryst.*, **315**, 47 (1998).
6) K. Ichimura, *Chem. Lett.*, **47**, 1247 (2018).
7) M. Han, S. Morino and K. Ichimura, *Macromolecules*, **33**, 6360 (2000).
8) M. Han and K. Ichimura, *Macromolecules*, **34**, 82 (2001).
9) M. Han and K. Ichimura, *Macromolecules*, **34**, 90 (2001).
10) K. Ichimura and Mina Han, *Chem. Lett.*, 286 (2000).
11) K. Ichimura and S. Nagano, *RSC Adv.*, **4**, 52379 (2014).
12) A. Mishra, R. K. Behera, P. K. Behera, B. K. Mishra and G. B. Behera, *Chem. Rev.*, **100**, 1973 (2000).
13) Y. Kawanishi, T. Tamaki and K. Ichimura, *ACS Symp. Ser.*, **537**, 453 (1994).
14) H. Menzel, B. Weichart, A. Schmidt, S. Paul, W. Knoll, J. Stumpe and T. Fischer, *Langmuir*, **10**, 1926 (1994).
15) X. Tong, L. Cui and Y. Zhao, *Macromolecules*, **37**, 3101 (2004).

第9章
バックグラウンド補正を要する光反応系の非破壊的解析

1 高次微分スペクトル解析が効果的な研究領域

　光化学反応を学術的に扱う主なサンプルは透明溶液である．光照射に伴う吸収スペクトル変化を記録し，選択された吸収波長での吸光度の変化量を基にして動力学的検討が行われる．光反応性材料の研究分野では，多くの場合，既知の光化学反応がさまざまな材料系に組み込まれ，光照射によるスペクトル変化が測定される．材料系は多種多様であり，吸収スペクトル測定，さらには，それに基づく動力学的検討が困難，さらには，不可能な場合が多い．また，光化学反応によって誘起される材料物性が機能発現となるから，吸収スペクトル変化を測定せずに光照射に伴う物性変化に基づいた議論がなされることも多々ある．光化学に関する学術研究と光機能に重点を置く材料科学研究のアプローチにおける大きな差異である．

　筆者がかかわってきた光反応性材料系を例示すると，ポリマー薄膜，相分離ポリマー薄膜，単分子膜，分子結晶，有機結晶の微分散水溶液，液晶層，O/Wエマルジョン，ラテックス薄膜などがある．これらの材料系の中で，紫外可視吸収スペクトルによる定量的解析が可能な材料系はとても少ない．光散乱をともなうサンプルでは，吸収スペクトルによる定量分析は困難もしくは不可能である．そのため，光化学反応の進み具合は，対象サンプルを適切な溶媒に溶解して吸収スペクトルやNMRスペクトルなどを測定して見積もることが一般に行われる．しかし，溶解によって会合体などの実状態が消失されるので，発色団の存在状態に関する知見を実時間で非破壊的に観測することができない．それぞれの材料系に適した分析解析手法があるが，そのための装置はきわめて高価な場合が多く，研究費に制約がある研究環境で気軽に使えない．実際に，高価な装置による解析が不可欠だという審査結果に抵抗できず，投稿論文を撤回せざるを得なかった経験がある．

　第1章第4節で言及したように，高次微分スペクトルによって光散乱系サンプルのバックグ

第9章 バックグラウンド補正を要する光反応系の非破壊的解析

ラウンドが効果的に消去できる．また，半値幅が十分に大きな吸収帯は高次微分スペクトルでは実質的にシグナルとして検出されないので，こうした光学特性からなるバックグラウンドも効果的に消去される．本章では，バックグラウンド変形が著しい吸収スペクトルの例を取り上げ，それらの高次微分スペクトルへの変換が光化学反応挙動の解析にとても効果的であることを示す．各論的に例示するので統一性はないが，材料科学の立場から高次微分変換の有用性を具体的に提示することが本章の目的である．光散乱を伴う分子結晶から調製されるサンプルの解析については，章を改めて取り上げる．

2 貧溶媒中でのアゾベンゼンポリマーのスペクトル特性

ポリマーを扱う際には，良溶媒および貧溶媒が使い分けられる．良溶媒に溶解したポリマー溶液を貧溶媒に滴下して沈降させてモノマーなどの不純物を取り除くルーチンワークにおいて，良溶媒，貧溶媒中でポリマーのコンフォーメーションはどのように異なるだろう．また，再沈によって得られる固体ポリマーと，溶液からキャスト調製されるポリマーフィルムとでは，コンフォーメーションがどのように異なるかという素朴な疑問も抱く．再沈させたポリマーは熱力学的に不安定な状態にあるとの前提で，DSC 測定では 2 回目以降のスキャンデータが用いられる．これは溶液とキャスト膜とではポリマーのコンフォーメーションが異なることが前提になっているが，どのように違っているかを調べた論文はあるのだろうか．

アゾベンゼン残基で側鎖置換した非晶性のホモメタクリレートポリマーについて，良溶媒および貧溶媒中でのスペクトル特性や DSC 測定での第一および第二スキャンの相違について考察したことがある[1]．本節では，アゾベンゼンをいわばマーカーとみなし，そのポリマーの吸収スペクトルならびに 4 次微分スペクトルに対する溶媒効果を取り上げ，アゾベンゼン残基のスペクトル特性に対する溶媒効果を検討する[2]．アゾベンゼンポリマーは希薄な貧溶媒中では懸濁状態となるので，高次微分スペクトルによるバックグラウンドの消去効果を検証するうえで都合がよい．

ここで用いるポリマーは図 9.1 に示す p2Az である．良溶媒としてジオキサン（DOX），貧溶媒としてイソプロピルアルコール（IPA）を用いて，その混合比を変えた時の吸収スペクトル変化を図 9.1a にまとめる．IPA の混合比が増大するにつれて，約 400 nm 以上の長波長領域でスペクトルが持ち上がって光散乱状態となる．DOX/IPA の比が 4/6 では，DOX 中での吸収極大波長（λ_{max}）における吸光度の減少に伴い，およそ 385 nm に極大波長をもつ幅広い吸収帯（図 9.1a 中の点線）が成長する．この 385 nm の吸収帯はアゾベンゼン残基の J–会合体に帰属され，ポリマー鎖がコンパクトに畳み込まれていると推察する．

この吸収スペクトルを微分変換するにあたって，スムージング処理を式(1)にしたがってデータポイント数 p を選択する．$\Delta\lambda_v$ および $\Delta\lambda_n$ は隣接する吸収帯の波長間隔ならびにノイズピー

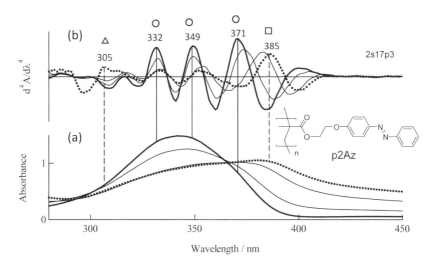

図9.1 p2Az の溶液スペクトル
DOX/IPA=10/0（太線），DOX/IPA=8/2,
DOX/IPA=6/4，DOX/IPA=4/6（点線）．

ク間の最大波長間隔である．ここでは $p=17$ とし，微分次数 $s=2$ で3回繰り返してのスムージング処理を行った．その結果が図9.1b である．

$$1 + 2 \times \Delta\lambda_v < p < 1 + 2 \times \Delta\lambda_n \tag{1}$$

DOX 中での p2Az の4次微分スペクトル（太線）では，332 nm，349 nm および 371 nm に非会合体に対応するサブピーク（○印）が出現しているが，IPA の混合比が増大するにつれて，これらのサブピークは急激に減少する．その代わりに，305 nm と 385 nm に新たなサブピークが出現する．305 nm のサブピーク（△印）は H-会合体に帰属される一方，ピーク（□印）波長の 385 nm は吸収スペクトルでの λ_{max} にほぼ一致し，J-会合体に帰属できる．ここで注目すべき点は，DOX/IPA=6/4 あるいは 4/6 の混合溶媒中では，○印の非会合体のサブピークが認められないことである．貧溶媒中ではポリマー鎖の広がりが失われ，アゾベンゼン側鎖が凝集状態となることが推察される．

3 貧溶媒中でのアゾベンゼンポリマーの光異性化反応挙動

アゾベンゼンの *cis* 体は *trans* 体より双極子モーメントが大きいので，*trans* 体での良溶媒は *cis* 体にとっては貧溶媒となる．この逆転現象を端的に示す結果が図9.2である．これは，DOX 溶液ならびにトルエン（TOL）の溶液に紫外線を照射し，動的光散乱法（Sysmex, Nano-Z）によって粒子径変化を測定した結果である[1]．*trans* 体の p2Az は DOX 中で粒子径

第9章 バックグラウンド補正を要する光反応系の非破壊的解析

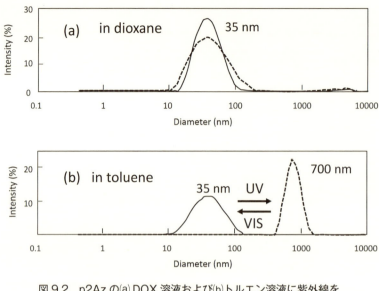

図9.2　p2Azの(a) DOX溶液および(b)トルエン溶液に紫外線を
照射する前（実線）と後（点線）での粒子径分布
日本化学会の許可を得て文献2の図を転載．

が35 nmのランダムコイル粒子としてふるまう．この溶液に紫外線を照射すると，粒子径分布は若干広がるものの粒子径の平均値に変化がない．DOXは両異性体のポリマーにとって良溶媒であるためである．一方，TOL溶液に紫外線を照射すると，粒子径は大幅に増大してピークは700 nmに移動する．cis体のp2AzにとってTOLは貧溶媒であり，極性の高いcis体残基の双極子相互作用の結果，多数のポリマー鎖からなる凝集体が形成されるためである．これに青色光を照射してtrans体になると，粒子径は35 nmである個々のコイルに戻る．

つぎに，DOX/IPA=4/6の溶液中に分散したp2Azに365 nm光を照射したときの吸収スペクトル変化を図9.3aに示す．紫外線を当てきった分散液の吸収スペクトル（点線）は特徴のない形状だが，385 nm近辺の吸収が減少するにつれて300 nm前後の吸光度が全体的に大きくなっており，シス体への光異性化が確認できる．しかし，これ以上の情報を得ることは絶望的である．一方，4次微分スペクトルでの変化の様子を図9.3bに示す[2]．ここでは，p =17でもノイズが消去し切れないためにp = 25でスムージングを行っている．ノイズ増大は，分散液中でのポリマー凝集体のゆらぎのためであろう．図9.3bに見るように，分離されるべき隣接サブピークが融合し，おおまかな波形の変化となっているが，この微分スペクトル変化から以下の事柄が推論できる．

第一に，図9.3cに示すDOX溶液中での4次微分スペクトルと比較すると，○印で示した3つの非会合体のサブピークは図9.3bでの微分スペクトルには存在しない．つまり，DOX溶液中でのコンフォーメーションが消失していることが確認される．なお，図9.3cのDOX溶液の

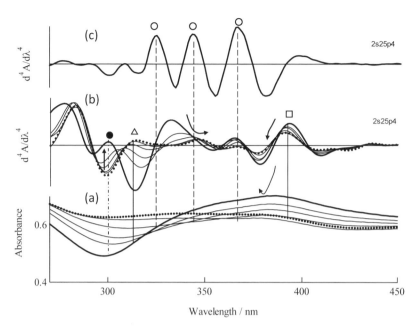

図 9.3 DOX/IPA＝4/6 の溶液中での p2Az の光異性化反応に伴う(a)吸収および(b) 4 次微分スペクトル変化，ならびに，(c) DOX 溶液中での 4 次微分スペクトル
太線は光照射前，点線は光照射後．○：非会合 trans 体，□：J-会合体，△：H-会合体および●：cis 体．

4 次微分スペクトルのスムージングは，図 9.3b と同じ条件（$p=25$）で行っている．第二に，□印が付された J-会合体のサブピーク強度は，384 nm から 382 nm への短波長側シフトを伴って一定値に収斂している．これは，J-会合体におけるアゾベンゼン残基の相対的配置状態が変化し，その結果として光異性化反応が抑制されるためと推察される．つまり，J-会合体周りの自由体積が小さいためであろう．一方，△印が付された H-会合体に帰属されるサブピークは，紫外線照射によってほぼ消滅している．J-会合体とは異なり，H-会合体周りの自由体積は大きく，光異性化反応が十分に進行するためと説明できる．第三に，およそ 300 nm に弱いながら新たなサブピークが出現しており，これはシス体に帰属される．大胆な推論だが，貧溶媒中ではポリマーコイルが密な状態となって J-会合体が形成され，光異性化反応が抑制されている．

ところで，図 9.3b に示した p2Az の紫外線照射前の 4 次微分スペクトル（実線）は，図 9.1b における DOX/IPA＝4/6 中でのスペクトル（点線）と形状が異なっており，サブピークの数が少ない．これはスムージングにおける p 値が違うためである．そこで，p 値によって p2Az の DOX および DOX/IPA＝4/6 中での 4 次微分スペクトル形状がどのように変わるかを確認する．その結果を図 9.4 にまとめる．DOX 溶液のスペクトルについては，15 から 25 までの p 値を用いてそれぞれ 4 回繰り返してスムージング処理を行った．図 9.4a に見るように，$p=15$

第9章 バックグラウンド補正を要する光反応系の非破壊的解析

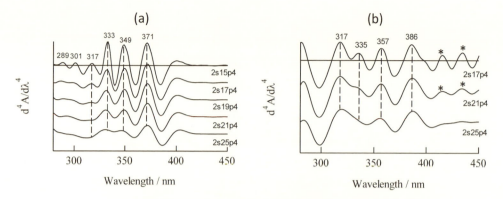

図 9.4 (a) DOX 溶液および (b) DOX/IPA＝4/6 混合溶液中での p2Az の 4 次微分スペクトル形状に対するスムージング条件依存性
＊印はノイズシグナル．

ではサブピークが明瞭に分離されており，p 値が大きくなるにつれてピーク幅が増大しているものの，$p=25$ でも主たるサブピークは分離され，それぞれの極大波長の値には変化がないことが確認できる．

一方，DOX/IPA=4/6 中では，$p=21$ でも吸収がない波長領域でのスムージングが不十分であり，$p=25$ での処理によってスペクトル形状は平滑となる（図9.4b）．しかし，DOX 溶液の場合に比べると，それぞれのサブピークの幅は広く，$p=25$ の処理では 335 nm のピークが実質的に消失している．この原因として 2 つの要素が考えられる．第一に，DOX/IPA=4/6 中では，p2Az のポリマーコイルが凝集した分散系に起因するゆらぎの影響である．第二に，J-会合体であれ，H-会合体であれ，アゾベンゼン残基の会合状態に幅があるのでサブピークの半値幅が広がり，これらの会合体の微分ピークは相対的に小さくなると考えられる．このように発色団の存在状態が多様化した系では，高次微分スペクトルによる解析に制約があることに留意を要する．しかし，図 9.3 に示すスペクトル変化では，光異性化反応によるサブピークの増減が *cis* 体生成および *trans* 体消失に対応することを考慮すれば，上述した推論は妥当であると考える．

非晶性ポリマーは特徴的な構造性がないがゆえに，非晶性という用語でひとくくりにされ，その実態はブラックボックスである．上記のような込み入った検討を行った動機は，スピン塗布して得られる非晶性ポリマー薄膜中では，塗布溶媒の種類によってポリマーのコンフォーメーションが大なり小なり異なる可能性があるからである．また，液晶性あるいは結晶性ポリマーのスピン塗布膜での初期状態は，溶液中でのコンフォーメーションを反映した非晶性であり，その後，熱力学的に安定な液晶性なり結晶性が発現する．本節の考察は，非晶性ポリマーを新たな視点でとらえる手掛かりになると思われる．

4 水性エマルジョン薄膜の光反応挙動

乳濁状態にある水性エマルジョンでは,強い光散乱のためにみかけの吸光度が大幅に増大し,光化学反応を吸収スペクトルによって定量的に追跡することは困難である.ここで取り上げるサンプルは,第7章で取り上げた水溶性フォトポリマーである PVA-SbQ(図9.5)をポリ酢酸ビニル(PVAc)の水性エマルジョンに配合した水性エマルジョンである[4].これはスクリーン印刷用感光材料の原型の一つであり,解像性,耐刷性,耐水性,耐溶剤性などの実用性能を向上させるために,さまざまな添加物が配合されて実用に供される.吸収スペクトル解析を目的とするので,ここで取り上げるサンプルにはポリビニル酢酸エマルジョン以外の添加物は配合していない.この組成でも画像形成能を有することは確認している.

水性エマルジョンの吸収スペクトルを測定するサンプルとして,水で高度希釈した水性エマルジョン,および,十分に薄い塗膜を対象とする.前者は水と PVAc との屈折率の差が大きいために強い白濁状態となるが,後者では二種類のポリマーの屈折率の差が比較的小さく,光散乱の程度は前者より軽減されるので,ここではエマルジョン薄膜を取り上げる.1.4モル% SbQ を導入した PVA-SbQ 水溶液と PVAc エマルジョンとを混和してサンプルとし,この白濁した水溶液を適度に希釈して溶融シリカ基板上にスピン塗布した.図9.6a は,こうして得た薄膜の吸収スペクトルである.PVA-SbQ の吸収がない 450 nm 近辺の吸光度は1程度までもちあがり,短波長領域ではさらに吸光度が増大している[1].この薄膜に 365 nm 光を照射すると,SbQ の吸収帯に帰属される波長領域で吸光度が減衰する.光化学反応を起こす発色団は SbQ しかないので,吸収スペクトルから SbQ の光化学反応性は確認できるが,それ以上の知見は得られない.

図9.6b は PVA-SbQ 単独薄膜での吸収スペクトル変化である.このスペクトル特性ならびに光化学反応挙動については第7章で詳述した.エマルジョン薄膜の4次微分スペクトル変化を図9.6c に示すが,比較のために,単独薄膜の4次微分スペクトル変化を図9.6d に示す.エ

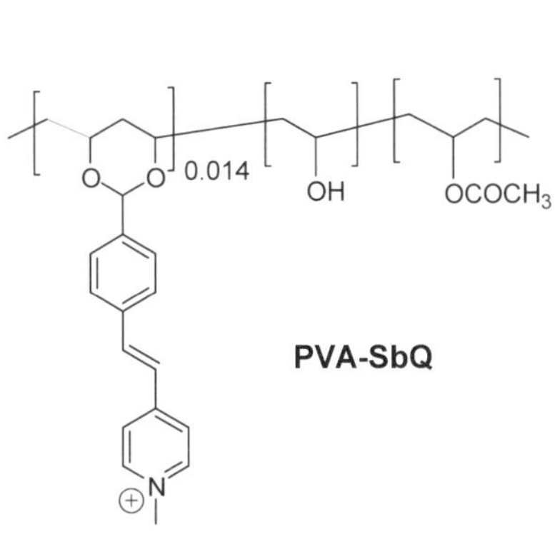

図9.5 PVA-SbQ

第9章　バックグラウンド補正を要する光反応系の非破壊的解析

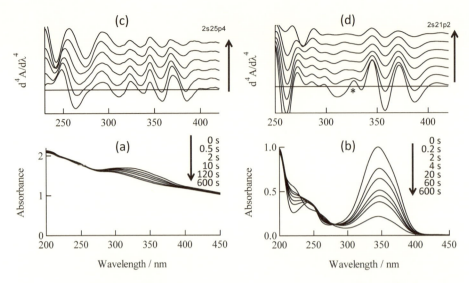

図9.6　PVA-SbQ とポリ酢酸ビニルエマルジョンからなるフィルムに紫外線照射したときの(a)吸収および(b) 4 次微分スペクトル，ならびに，PVA-SbQ 単独フィルムの(c)吸収および(d) 4 次微分スペクトル変化[1]

マルジョン薄膜の吸収スペクトルから誘導される 4 次微分スペクトルでのスペクトルノイズが相対的に大きいので $p=25$ でスムージングを行い，PVA-SbQ 単独薄膜では $p=21$ である．

　このエマルジョン感材をポリエステルメッシュに塗布して得た膜にマスクを介して露光すると，水現像によってステンシルが得られる[4]．光照射したときのエマルジョン薄膜での光不溶化挙動を PVA-SbQ 単独膜の場合と比較検討するために，それぞれの薄膜に光照射したときの 4 次微分スペクトル変化を比較する．図 9.6d は，PVA-SbQ 単独の薄膜に紫外線を照射したときの 4 次微分スペクトル変化である．第 7 章で詳述したように，H-会合体に帰属される 330 nm の微分ピークは光照射によって速やかに消失し，光二量化による架橋反応を引き起こす．エマルジョン薄膜でも，図 9.6c に見るように，ほぼ同じ波長に微分ピークが出現しており，光照射に伴ってそれぞれの微分ピーク強度が減少している．PVA-SbQ 単独膜と比較すると，H-会合体ピークはそれほど鮮明ではなく，吸光度が 1 を大幅に超えているので立ち入った議論は控えるべきだが，以下の考察は可能である．光照射によって 320 nm 以上の各ピークが減少しているが，その減少速度は単独薄膜の場合よりも遅い．これは次のように説明できる．ポリ酢酸ビニルエマルジョンには界面活性剤としての PVA が配合されている．したがって，このエマルジョンを PVA-SbQ に配合すると，無置換 PVA によって相対的に SbQ 濃度が減少する．このため，エマルジョン感材の光反応性が低下すると説明できる．

　このように，4 次微分変換することによって，エマルジョン感材薄膜でも PVA-SbQ 単独薄膜と同様な光反応挙動が起こる一方で，SbQ の光反応性が低下していると推察される．この

ような知見は，この種の感光材料の高性能化を図るうえで重要となる．

5 バックグラウンド補正によるジアリールエテンフォトクロミック反応の検討

　ジアリールエテンのフォトクロミック反応はさまざまな光機能性材料の基本骨格に組み込まれ，広範な研究対象となっている[5]．この種のフォトクロミズムは，筆者を光機能材料研究へ導く一因となった以下の経緯がある．

　1981年3月に"Molecular Electronics Devices"という歴史的なワークショップがアメリカ海軍研究所で開催された[6]．後年の導電性ポリマーや有機半導体につながるこの新しい概念に啓発され，筆者らは1984年に「分子メモリの調査研究」を報告し[7]，ついで，1985年にリライタブル光メモリ材料に関する工業技術院プロジェクトを立ち上げる機会を得た．筆者らが取り上げた課題の一つが，1970年代初頭に見出したジフェニルマレオニトリル（**1a**）の光開閉環反応[8]をベースとする熱的に安定なフォトクロミック化合物の開発であった（図9.7）．光閉環体**1b**は2つの水素原子の脱離および1,3-シフトが起こるので，それぞれの水素原子をメチル基で置換して副反応を抑制した．一方，当時の半導体レーザの発振波長は600 nmを超えるので，光閉環体の長波長化が課題であった．そこで，光閉環体をチオインジゴやインジゴのビニローグに見立て，ヘテロ5員環の5-および5'-位に電子吸引性残基を導入して長波長化を図った．共同研究者とともに開発した化合物の例がジチエニル誘導体**2a**（X=S）およびジピリル誘導体**2a**（X=NH）である（図9.7）．しかし，光応答性液晶の研究過程で遭遇した液晶光配向に専念するために，この研究は特許出願[9]をもって中止した．

　入江正浩名誉教授はポリマー主鎖に導入したジチエニルエテン骨格が光によって熱的に安定

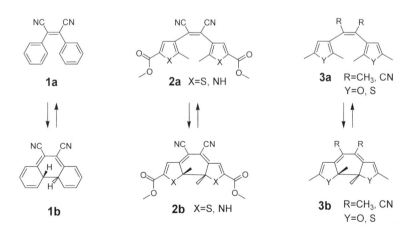

図9.7　初期のジアリールエテン化合物

第9章 バックグラウンド補正を要する光反応系の非破壊的解析

な着色体となることに気づかれ[10],これが発端となってジフリル 3a (Y=O) およびジチエニル化合物 3a (Y=S) のフォトクロミズムに関する1988年の論文[11]を発表された.これによってジアリールエテン類に関する体系的,かつ,多彩な研究分野が切り開かれただけでなく,フォトクロミズム研究に多大な影響を与えている.

ここで取り上げる対象は,横山泰名誉教授により提供されたジチエニル化合物 4a のアセトニトリル溶液中での吸収スペクトル変化である[12].4a の分子構造を図9.8に示す.図9.8a の吸収スペクトル変化を2次および4次微分スペクトルに変換した450 nm までの波長領域の結果がそれぞれ図9.8b および図9.8c である.両者ともに等微分点を通るスペクトル変化を示す.一方,図9.8d および図9.8e は,光閉環反応で出現する長波長吸収帯に対応する2次および4次微分スペクトルの変化を示す.スムージング処理を施した2次微分スペクトルではノイズが消去し切れず,4次微分スペクトルでは有益な情報は得られない.この長波長の吸収帯は微細構造がない幅広の形状であり,微分スペクトルによる解析には適していないためである.したがって,ジアリールエテン類では光開環構造のみが高次微分解析の対象となる.

特殊なケースだが,高次微分スペクトルが有効な例を挙げる.血清アルブミンのアセトニトリル溶液中で 4a を作用させると,このたんぱく質のキラルポケット内に 4a が包括される[11].これに紫外線を照射して生成する光閉環体 4b は,キラルな場によって誘起される結果として

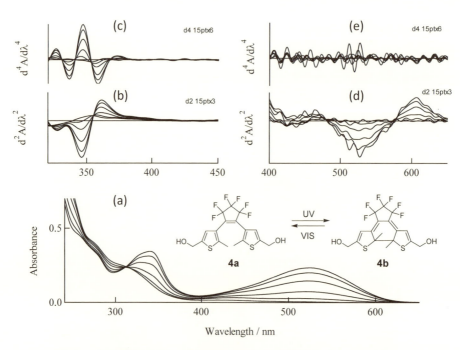

図9.8 4a のアセトニトリル溶液に313 nm 光を照射したときの(a)吸収,(b)2次微分および(c)4次微分スペクトル変化

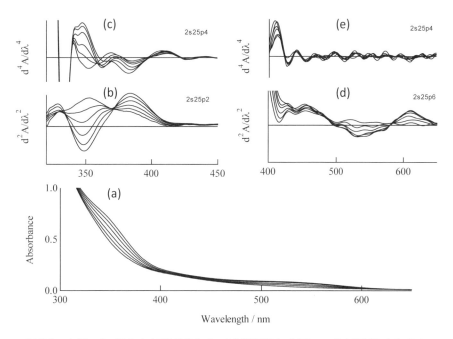

図 9.9 血清アルブミンに包括させた 4a の緩衝溶液に 313 nm 光を照射したときの (a) 吸収スペクトル変化, および, その短波長側での (b) 2 次微分, (c) 4 次微分スペクトル変化と, 長波長側での (d) 2 次微分, (e) 4 次微分スペクトル変化

光学活性を示す. このフォトクロミック反応を確認するために測定された結果が図 9.9a の吸収スペクトル変化である. およそ 400 nm までの波長領域では, 血清アルブミンに由来する強いバックグラウンドがあるため, フォトクロミズムに基づく吸収スペクトル変化での光閉環体 **4b** の吸光度は非常に小さい. 400 nm 以下の波長領域では, 血清アルブミンの強いバックグラウンドのために, **4b** における 350 nm 近辺の吸収帯の有無の判定は事実上不可能である.

図 9.9b は 450 nm 以下での 2 次微分スペクトルだが, 350 nm 近傍に下に凸の吸収帯が存在している. 図 9.9c は 4 次微分スペクトルでの変化であり, 350 nm 近傍の吸収帯が追認できる. しかし, 4 次微分スペクトル変化では等微分点は認められない. 血清アルブミン中での **4a** の存在状態が均一でない可能性がある[13]. 図 9.9d は長波長領域での 2 次微分スペクトル変化だが, アセトニトリル溶液と同様なスペクトル形状変化を示している. ただし, 図 9.9e に見るように, 4 次微分スペクトルからは有益な情報が得られない.

光閉環体での長波長吸収帯は環状テトラエン結合に由来するが, その部分構造であるシクロヘキサジエンを構成する 2 つの sp^3 構造に起因し, 環構造の剛直性が低下して振動寿命が長くなって吸収帯の幅が広がっていると考えられる. いずれにせよ, 高次微分スペクトルはバックグラウンド補正に有効だが, ジアリールエテン化合物のフォトクロミック反応では, 光閉環体ではなく開環体の吸収帯が解析対象となる.

第 9 章　バックグラウンド補正を要する光反応系の非破壊的解析

6　まとめ

　紫外可視微分スペクトル解析の特長の一つである光学的なバックグラウンド消去の効果を知るために，光学的に不均一な懸濁液およびフィルム，ならびに，マトリックスに起因するバックグラウンドのある溶液を取り上げ，4 次微分スペクトルを中心にしてそれぞれにおける光反応挙動を検討した．

　アゾベンゼンポリマー（p2Az）はジオキサン中で均一溶液だが，貧溶媒であるイソプロピルアルコールの添加によって微分散液になることに着眼し，両溶媒の組成による吸収スペクトル変化の原因を 4 次微分スペクトルによって検討した．貧溶媒の混合によって長波長側に J-会合体，短波長側に H-会合体に帰属される新たなサブピークが出現し，ポリマーコイルのコンパクト化が推定された．また，混合溶媒での不均一な分散液中での光異性化反応挙動を 4 次微分スペクトルによって解析した結果，J-会合体は円滑に *cis* 体へ異性化するものの，H-会合体の光異性化は不完全であることが判明した．

　光架橋性 PVA-SbQ からなる水性ポリマーエマルジョンを取り上げ，その薄膜の光反応挙動を調べた．光照射に伴う吸収スペクトル変化は認められるものの，光学的な不均一性に由来するバックグラウンドが大きいために立ち入った知見は得られない．4 次微分スペクトルに変換することにより，感光基である SbQ の振動準位遷移に対応するサブピークが分離され，会合体形成ならびにその光照射に伴う優先的な反応性が確認できた．

　以上の例は，高次微分スペクトルが光散乱系の光反応挙動を知る上で重要な役割を果たすことを示す．透明試料であっても，強いバックグラウンドにより吸収スペクトルによる解析が困難な例として，血清アルブミンにジアリールエテン化合物を配合したサンプルについて検討した．短波長側での血清アルブミン由来の強いバックグラウンドが微分スペクトル変換によって改善される一方で，長波長側に出現する光閉環体の幅広い吸収帯は 4 次微分スペクトルでは検出が困難であった．これは高次微分スペクトルが適用できる発色団に限界があることを意味する．

　光散乱などに由来する強いバックグラウンドを伴う吸収スペクトルでは，定量的な光反応解析は困難あるいは不可能だが，以上の数例から高次微分スペクトルの有用性が示される．とくに，エマルジョンや微粒子分散系などに効力を発揮する．

　最後に，図 9.8 および図 9.9 に示したジアリールエテン化合物の吸収スペクトルデータを提供していただいた横山泰名誉教授に心より謝意を表する．

〈文　献〉

1) K. Ichimura and H. Akiyama, *Chem. Lett.*, **36**, 194 (2007).
2) 市村，未発表.
3) a) K. Ichimura, *Bull. Chem. Soc. Jpn.*, **89**, 549 (2016); b) K. Ichimura, *Bull. Chem. Soc. Jpn.*, **90**, 411 (2017).
4) K. Ichimura, S. Iwata, S. Mochizuki, M. Ohmi and D. Adachi, *J. Polym. Sci. Part A: Polym. Chem.*, **50**, 4094 (2012).
5) a) M. Irie, *Chem. Rev.*, **100**, 1685 (2000); b) M. Irie, T. Fukaminato, K. Matsuda and S. Kobatake, *Chem. Rev.*, **114**, 12174 (2014).
6) F. L. Carter, Ed., "Molecular Electronics Devices," Marcel Dekker, New York (1982).
7) 繊維高分子材料研究所研究報告 No. 141,「特集号　分子メモリの調査研究」,（1984 年 3 月）.
8) a) K. Ichimura and S. Watanabe, *Tetrahedr. Lett.*, 821 (1972); b) K. Ichimura and S. Watanabe, *Bull. Chem. Soc. Jpn.*, **49**, 2220 (1976).
9) 市村，森井，桜木，鈴木，須田，細木（工業技術院），特開昭 63-77876（出願日 1986 年 9 月 16 日）.
10) M. Irie, *Pure Appl. Chem.*, **87**, 617 (2015).
11) M. Irie and M. Mohri, *J. Org. Chem.*, **53**, 803 (1988).
12) M. Fukagawa, I. Kawamura, T. Ubukata and Y. Yokoyama, *Chem. Eur. J.*, **19**, 9434 (2013).
13) 市村，横山，未発表.

第10章
水中に微分散したアゾベンゼン系結晶の光化学反応解析

1　はじめに

　紫外可視吸収スペクトルを用いて光反応挙動を定量的に解析する際には，解析に用いる波長領域での吸光度に上限があるとともに，高度に透明でなければならない．これまでに繰り返し述べたように，フォトレジスト類に代表される光反応性ポリマー薄膜以外に，光化学反応が組み込まれた実用的，かつ，高度な透明性を満たす光機能材料の例を挙げることは意外に難しい．大なり小なり光散乱を伴う材料系では，サンプルを処理して希薄透明溶液にして吸収スペクトルを測定したりするか，あるいは，他のさまざまな分析手法によって光化学反応を定量的に追跡する．これらの場合には，光反応に関与するπ電子系発色団の分子間相互作用が消失するので，実状態における会合体や水素結合様式などについての様相を知ることができない．このような弱い結合が光機能発現の源であれば，光機能と分子構造との直接的な相関を知る手がかりを失うことになる．

　光化学反応を吸収スペクトルで追跡することが困難，あるいは，不可能な材料の代表例が有機結晶である．単結晶の固相光化学反応に関する学術研究では，X線構造解析，粉末X線回折が反応解析の主役であり，強い光の吸収ならびに散乱のために，吸収スペクトルは定量的な検討の対象にならない．拡散反射スペクトルのKubelka-Munk変換による光反応解析は可能だが，測定範囲は原理的に結晶表面層に限定されることを確認する必要がある．蛍光スペクトルによる結晶光化学反応の追跡も可能だが，当然のことながら，無蛍光の結晶は対象外である．

　本章では，アゾベンゼン（Az）の結晶における光異性化反応を取り上げる．Azの溶液中での光異性化反応はHartleyによって1937年にはじめて報告され[1]，そのNature論文の中に，*cis*体結晶の一部は強い光で元に戻るとの記述があるが，*trans*体の結晶での光異性化については触れていない．その後，*trans*体結晶の光異性化に触れる論文は散見されるものの，結晶で

の光異性化反応は実証されていなかった．ここでは，Az 結晶を水中に微分散し，それに光照射した際の吸収スペクトル変化を取り上げる．微結晶分散液は光散乱が著しいために吸収スペクトルによる定量分析はできないが，微分変換によって光散乱によるベースラインは完全に補正される．そこで，変換した高次微分スペクトル変化を対象として Az 結晶の固相光反応挙動を解析する．

2 アゾベンゼン結晶の水中微分散液の調製と光異性化反応の検証

有機結晶の微分散法として，Nakanishi らによる「再沈法」がよく知られている[2]．マイクロシリンジを用いて有機結晶の比較的薄い溶液を貧溶媒中に一挙に注入し，約 15 nm から数 μm の微小な結晶の分散液を調製する．筆者は，有機顔料をナノサイズ化して透明な着色材料とする先駆的な LCD 用カラーフィルターの開発と実用化にかかわった経緯があり[3]，ビーズミリング法による材料創製法をはじめて知った．多くの医薬品は水溶性でないためミリングは製薬分野でも重要な手法だが[4]，有機系材料分野ではほとんど注目されていない．そこで，分子結晶の光機能材料化を意識して，湿式ならびに乾式ビーズミリングによるナノサイズ化を検討してきた[5]．その一環として，遊星型分散機を用いて Az 結晶を部分けん化ポリビニルアルコール（PVA）の水溶液中でビーズミリング処理したことがある．こうして調製した Az 結晶の微分散液を用いて結晶での光反応性を検討した結果を以下に記す[6]．

水中微分散液の極大波長での吸光度をおよそ 1 とし，攪拌下で 365 nm 光照射した微結晶の石英セルをダイオードアレー分光光度計（島津：Multispec 1500）のオープンスペースに配置し，分散液を磁気攪拌しながら吸収スペクトル測定を行った．Az のヘキサン溶液および微結晶の水分散液それぞれに 365 nm 光を照射し，スペクトル測定をした結果を図 10.1 に示す．ヘキサン溶液中でのスペクトル変化は第 2 章第 6 節で取り上げたが，図 10.1a および図 10.1b に吸収スペクトルならびに 4 次微分スペクトルの変化を改めて示す．図 10.1c は微結晶分散液での吸収スペクトル変化であり，短波長側でバックグラウンドが増大しているが，等吸収点は認められる．これを 4 次微分変換した結果が図 10.1d である．希薄溶液でのスペクトル変化とよく似ており，また，等微分点が全波長領域で認められる．これから Az は結晶微分散液でも，*trans* 体から *cis* 体への光異性化反応が単一過程として進行していることが明白となる．

図 10.2 は，溶液および結晶での吸収ならびに 4 次微分スペクトルを比較した図である．図 10.2a に見るように，溶液中で観測される吸収スペクトルでの微細構造は結晶では微弱となる．また，結晶での吸収極大波長は若干長波長シフトしている．4 次微分スペクトルでは，結晶でも振動準位遷移に基づく下位レベルの吸収帯が検出され，それぞれは溶液中より数 nm ほど長波長シフトしており，結晶中での弱い分子間相互作用を反映している．ただし，後述するように，PVA 水溶液を用いるミリング分散液中には，一部の Az が分子溶解するため，これらの

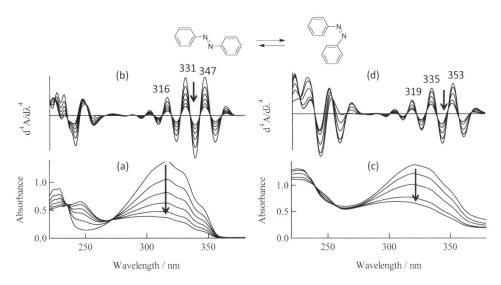

図 10.1 アゾベンゼンのヘキサン溶液に 365 nm 光を照射したときの(a)吸収,および(b) 4 次微分スペクトル変化,ならびに,アゾベンゼン結晶の PVA 水溶液中での微分散液に 365 nm 光を照射したときの(c)吸収および(d) 4 次微分スペクトル変化

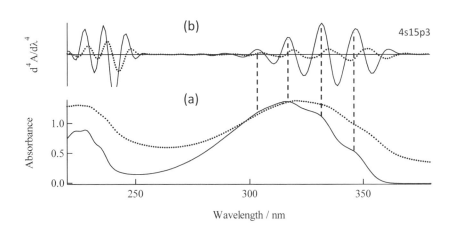

図 10.2 アゾベンゼンのヘキサン溶液(実線)および PVA 水溶液中での微結晶分散液(点線)の(a)吸収および(b) 4 次微分スペクトル
The Royal Society of Chemistry の許可を得て文献 11b の図を転載.

スペクトルは分子溶解状態と結晶状態との足し算である.

第10章 水中に微分散したアゾベンゼン系結晶の光化学反応解析

3 アゾベンゼンの結晶光異性化反応の速度論解析

微分スペクトルでは吸収スペクトルにおけるバックグラウンドが消去されるので，Lambert-Beer則にしたがって，適切な微分ピークの強度変化から反応を定量的に追跡することができる．はじめに，図10.1bに示す溶液の4次微分スペクトルにおける316 nm，331 nmおよび347 nmでの微分ピークに着目する．これらのピークの両側にある等微分点はゼロ線上にある．これまでに度々言及してきたように，これらの微分ピークの強度変化は単一の成分，すなわち，trans体のみの濃度変化に対応していることを意味する．したがって，照射前の微分ピーク強度および光照射後の微分ピーク強度をそれぞれ D_0^4 および D_t^4 とするとき，D_0^4 / D_t^4 は trans/cis の比率に対応する．

ここで，この手法の妥当性をさらに検証するために，吸収スペクトルによって trans/cis の比率を求める手法との整合性を確認する．XとYからなる二成分系において，それぞれの濃度の和である $[X]+[Y]$ が一定であれば，$[X]/[Y]$ が異なるそれぞれの吸収スペクトルは等吸収点を通る．この等吸収点での吸光度を A_{iso} とし，Yより吸光係数が大きいXの吸収極大波長（λ_{max}）での吸光度を A_{max}^X とするとき，A_{max}^X / A_{iso} はXの分率に比例する．図10.1aにおける吸収スペクトル変化では，等吸収点は271 nmであり λ_{max} は316 nmなので，それぞれの吸光度の比である A_{316} / A_{271} に対して316 nm，331 nmおよび347 nmでの D_0^4 / D_t^4 をプロットする．図10.3に見るように，両者は良好な直線関係にある．したがって，図10.1bにおける微分ピークの微分値（D^4値）を露光量あるいは時間に対してプロットすれば，反応曲線が得られる．図10.4aの○印で表した曲線は，このようにして求めたAzのヘキサン溶液中での反応率変化である．この結果，313 nm光を十分に照射した光定常状態での異性化率は77％

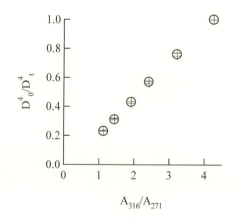

図10.3 ヘキサン溶液中での A_{316}/A_{271} と D_0^4/D_t^4 の相関．＋印は316 nm，319 nmおよび347 nmでの D_0^4/D_t^4 値であり，○印はそれらの平均値である．
The Royal Society of Chemistry の許可を得て文献11bの図を転載．

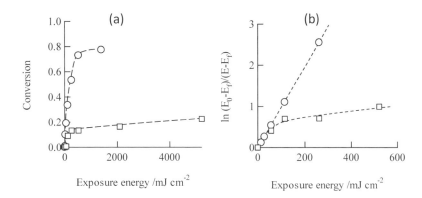

図 10.4 アゾベンゼンのヘキサン溶液（○）および微結晶水分散液（□）に 365 nm 光を照射したときの(a)反応率および(b)一次反応プロット
The Royal Society of Chemistry の許可を得て文献 11b の図を転載.

と求められる.

つぎに，微結晶での光異性化反応を検証する．図 10.1d のスペクトル変化における 3 つの微分ピークに着目すると，それらの両側にある等微分点はゼロ線と明らかにずれている．したがって，溶液の場合に用いた方法で微分ピーク変化量から直接的に反応率を求めることは避けるべきである．そこで，Az の cis 体が室温で比較的安定であることを考慮し，光照射した分散液からヘキサンによって反応生成物を抽出し，ヘキサン溶液の吸収スペクトルを微分変換し，上記と同じ方法に準じて反応率を求めた．図 10.4a に示す微結晶での□印の反応曲線はこのようにして求めた結果である．反応率 10 数％の時点で急激に反応が減速し，長時間照射後も反応率は 20％程度にとどまっている．この状況は一次反応プロットによってさらに明確となる．図 10.4b での□印が示すように，光異性化反応は迅速な過程と非常に遅い過程とに明確に分割されている．前者はヘキサン溶液中での反応速度と同程度であるが，後者は溶液中での反応速度の 6/100 程度と見積もられる．この反応初期の早い反応は，Az の一部が PVA 鎖中に取り込まれて分子分散した状態に対応するとして説明できる．言い換えると，Az の一部が PVA によって水中に可溶化され，溶液中と同様な光異性化反応が起こっていることを意味する．なお，Az 微結晶のみを純水中に分散した後に濾別すると，水中での Az は吸収スペクトルで検出できず，水に対する溶解性がとても低いことが確認される．

今一つ注目すべきことは，水中に微分散した結晶の粒子径が 365 nm 光および 436 nm 光による交互照射によって可逆的に変化する現象である．その結果を図 10.5 に示す．動的光散乱粒子径測定装置（Malvern; Nano-Z）での測定結果であるが，光照射前の約 250 nm の粒子径が cis 体への光異性化反応に伴って 30 nm も小さくなり，ついで，trans 体への光異性化反応によって 10 nm 程度の粒子径増大が観察される．その後の交互照射によって，粒子径の増減が 10 nm 程度の範囲で繰り返されている．Az 結晶自体がこれほど大きなサイズ変化を起こす

第 10 章　水中に微分散したアゾベンゼン系結晶の光化学反応解析

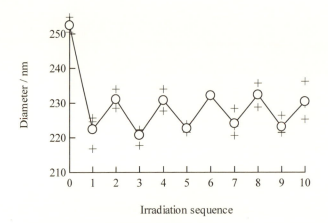

図 10.5　アゾベンゼン微結晶の水分散液に 365 nm 光および 436 nm 光を
交互に照射したときの可逆的な粒子径変化
奇数字は 365 nm 光照射, 偶数字は 436 nm 光照射を意味する.
The Royal Society of Chemistry の許可を得て文献 11b の図を転載.

とは考えられない. 粒子径は微結晶表面に吸着した PVA 鎖をも合わせた値と考えるのが妥当であり, この粒子径変化は微結晶表面を取り囲む PVA コイルの縮小, 膨潤を反映すると考えられる. PVA 鎖中に取り込まれた双極子モーメントが大きい *cis* 体分子同士が引き合う結果, PVA コイル同士がコンパクト化され, 双極子モーメントが小さい *trans* 体に戻ることによって PVA 鎖が広がる, と推察している.

ところで, PVA によって水中に可溶化された Az の光異性化反応の割合を差し引くと, 結晶での光異性化反応は遅いだけでなく, 光異性化率は溶液中と比べると格段に低い. 図 10.4a の反応率曲線から見積もると, 結晶での光異性化反応は 10% 程度にとどまっている. 固相光異性化反応がこの程度の低い変換率で停止する点については, 第 11 章で改めて考察する.

4　4-ジメチルアミノアゾベンゼンの溶液中でのスペクトル特性

4-ジメチルアミノアゾベンゼン（DMAAz）の単結晶に干渉光を照射すると, 明暗に対応して結晶表面に凹凸が発生することが知られている[7]. この結晶表面でのレリーフグレーティング（SRG）の形成メカニズムは, 結晶での光異性化反応によると推察されている. また, DMAAz の板状結晶に光照射すると, 結晶が変形することも報告されている[8]. いずれも固相での光異性化反応によるが, 光異性化反応挙動についての検証は行われていなかった. そこで, Az 結晶と同様に, DMAAz 結晶を PVA 水溶液中でビーズミリングに供して微結晶の水分散液を調製し, 高次微分スペクトルによって固相光異性化反応を解析した[9].

はじめに, DMAAz のヘキサン及びエタノール溶液での吸収スペクトルを図 10.6a に示す.

4　4-ジメチルアミノアゾベンゼンの溶液中でのスペクトル特性

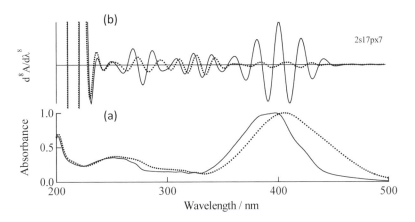

図 10.6　ジメチルアミノアゾベンゼンのヘキサン（実線）およびエタノール（点線）溶液の(a)吸収，ならびに，(b) 8 次微分スペクトル
日本化学会の許可を得て文献 14 の図を転載．

ヘキサン中では Az と同様に微細構造が確認できるが，エタノール溶液ではジメチルアミノ基への強い溶媒和によって吸収帯の幅は広くなる．図 10.6b はそれぞれの 8 次微分スペクトルだが，エタノール溶液中でも振動準位遷移に基づくピークが確認できる．8 次微分スペクトルを採用している理由は後述する．

溶液中での DMAAz の光異性化挙動を吸収スペクトルで追跡する際に留意すべきことは，Az に比較すると cis 体の熱異性化反応が速いことである．とくに，高極性溶媒中では，光照射後のスペクトル測定の時間範囲で熱戻り反応が起こる．そこで以下の実験では，熱戻り反応が遅い非極性溶媒であるヘキサン溶液を用いており，また，ダイオードアレー分光光度計によって短時間スキャンでのスペクトル測定を行っている．図 10.7a は 365 nm 光を照射したときの吸収スペクトル変化であり，図 10.7b および図 10.7c には，その 4 次微分および 8 次微分スペクトル変化を示す．8 次微分スペクトルを取り上げたのは，4 次微分スペクトルよりも微分ピークの分離が良好なためである．とくに，後述するように cis 体の吸収がある 330 nm から 380 nm の波長領域で顕著である．隣接する吸収帯の極大波長がおよそ 6 nm 以下であれば微分ピークが分離できるように，ここでのデータポイント数を 13 に設定してある．以下の解析は 8 次微分スペクトルに基づく．

図 10.7b および図 10.7c での最長波長における 2 つの微分ピークに着目すると，両側の等吸収点はゼロ線上にある．したがって，この微分ピーク波長での微分値によって任意のスペクトルにおける trans/cis の比を算出することができる．念のため，Az 溶液の場合と同様に，A_{max} / A_{iso} と D_0^8 / D_t^8 の相関を確認する．ここで，λ_{max} は 397 nm であり，等吸収点での波長は 353 nm である．結果を図 10.8 に示す．8 次微分スペクトルを用いても D^8 の値から異性体比の値が算出可能であることが分かる．熱的に不安定な DMAAz の cis 体を高純度で単離するこ

第10章 水中に微分散したアゾベンゼン系結晶の光化学反応解析

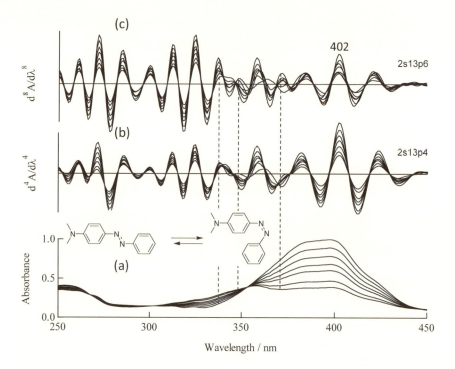

図10.7 ジメチルアミノアゾベンゼンのヘキサン溶液に365 nm光を照射したときの(a)吸収,(b) 4次,および,(c) 8次微分スペクトル変化
日本化学会の許可を得て文献14の図を転載.

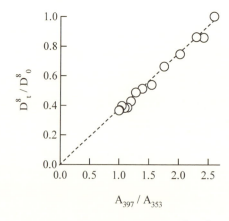

図10.8 A_{397}/A_{353}と402 nmにおけるD^8_0/D^8_tとの相関
日本化学会の許可を得て文献14の図を転載.

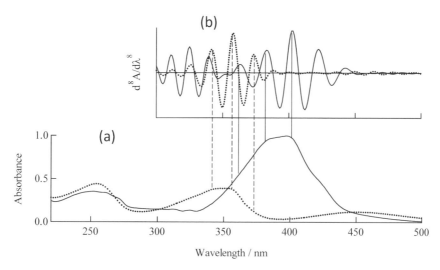

図10.9 ジメチルアミノアゾベンゼンのヘキサン中でのトランス体（実線）および
シス体（点線）の(a)吸収および(b)8次微分スペクトル
日本化学会の許可を得て文献14の図を転載．

とができないために，その吸収スペクトルを得ることはできない．しかし，光照射後のD^8値から求めた異性体比の値によって，*trans*体および光照射後での吸収スペクトルから*cis*体の吸収スペクトルを算出できる．こうして求めた*cis*体の吸収スペクトルを*trans*体とともに図10.9aに示す．*cis*体のπ,π^*-遷移に基づく吸収帯にも微細構造があり，図10.9bに見るように，強い微分ピークが認められる．ジメチルアミノ基と*cis*-アゾベンゼン骨格との強いπ電子共役系を反映し，振動寿命が大幅に短縮しているためであろう．また，n,π^*-遷移の吸光係数は*trans*体よりずっと大きい．

5　4-ジメチルアミノアゾベンゼン結晶の水微分散液での光異性化反応

　DMAAz結晶の水中での微分散液の調製は，Azの場合と同様に，PVA水溶液中でのビーズミリング法によって行った[9]．図10.10aに，この微分散液の吸収スペクトルを実線で示す．比較のためにヘキサン溶液のスペクトルも点線で描いてあるが，溶液中とは大きく異なり，微結晶での幅広い吸収帯は500 nmを越えている．図10.10bは8次微分スペクトルだが，溶液中での吸収極大波長前後の領域には微結晶分散液での微分ピークは観測されない．その一方で，443 nmと461 nmに新たな微分ピークが出現しているが，これらの帰属は不明である．

　この微分散液に365 nm光を照射したときの吸収スペクトル変化が図10.11aである．光異性化反応が起こっていることは確認できるが，さらに立ち入った動力学的な知見は得られない．そこで，8次微分スペクトルの変化について考察する．二つの波長領域に分け，それぞれ図

第 10 章　水中に微分散したアゾベンゼン系結晶の光化学反応解析

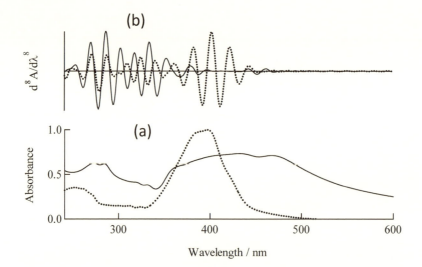

図 10.10　ジメチルアミノアゾベンゼンのヘキサン溶液（点線）および微結晶水分散液（実線）の(a)吸収ならびに(b) 8 次微分スペクトル
日本化学会の許可を得て文献 14 の図を転載．

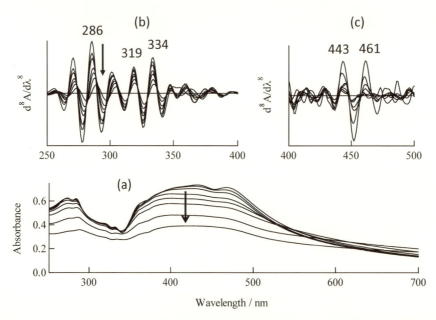

図 10.11　ジメチルアミノアゾベンゼン微結晶の水分散液に 365 nm 光を照射したときの(a)吸収スペクトル変化，(b)短波長領域ならびに(c)長波長領域での 8 次微分スペクトル変化
日本化学会の許可を得て文献 14 の図を転載．

10.11b および図 10.11c に示す．なお，この 2 つのグラフにおける縦軸の数値は，ピーク変化を見やすいように変えてある．図 10.11b では，340 nm 以下での 5 つのピークはいずれも単調に減衰している．286 nm，319 nm および 334 nm のピークに着目し，それらの微分値（D^8）を露光時間に対してプロットした．その結果を図 10.12a にまとめる．ここで，D_0^8 および D^8 は露光時間が 0 秒と t 秒での微分値である．

片対数で示した図 10.12a のグラフでは，それぞれのプロットは 2 つの直線から成り，およそ露光時間が約 100 秒で傾きが変わっている．図 10.12b には，443 nm と 461 nm での微分ピークの D^8 値および両者の平均値を露光時間に対してプロットした．ばらつきが大きいが，露光時間が約 100 秒以内でピークが急速に減衰し，それ以降はほぼ変化がない．すなわち，DMAAz 結晶での光異性化反応は 2 つの過程から成り立っており，およそ 100 秒の露光を境にして光異性化反応速度が変化していることが分かる．

こうした状況を確認するために，250 nm から 350 nm での波長範囲で 8 次微分スペクトルを拡大したものが図 10.13 である．露光時間が 0 秒から 30 秒の反応初期のスペクトルを実線で描き，60 秒から 3720 秒までの露光によるスペクトル変化を点線で示してある．光反応初期での微分スペクトル変化では良好な等微分点が認められ，単一の光異性化反応が進行していると判断される．それ以降の露光では，曲線矢印が示すように，各微分ピークの極大波長は長波長へシフトしつつ強度が減じている．この波長領域では，*trans* 体に比べて *cis* 体の吸収帯が長波長にシフトしていることを意味する．

つぎに，2 つの波長領域での D^8 値を用いて一次プロットを行った．その結果を図 10.14 にまとめる．図 10.14a は 286 nm, 319 nm および 334 nm での D^8 値を用いた一次プロットだが，非常に速い初期の一次反応とそれ以降の遅い一次反応から構成されていることが明らかであ

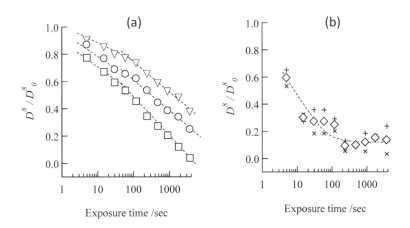

図 10.12　ジメチルアミノアゾベンゼン微結晶の水分散液に 365 nm 光を照射したときの D^8 値の変化
(a) 286 nm（□），319 nm（▽）および 334 nm（○）での変化．(b) 443 nm（＋），461 nm（×）での D^8 値ならびに両者の平均値（◇）の変化．日本化学会の許可を得て文献 14 の図を転載．

第 10 章 水中に微分散したアゾベンゼン系結晶の光化学反応解析

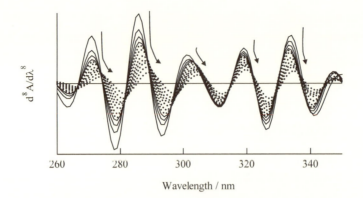

図 10.13 ジメチルアミノアゾベンゼン微結晶の水微分散液に 365 nm 光を照射したときの 8 次微分スペクトル変化
実線：露光時間 0～30 秒，点線：60 秒～3,720 秒

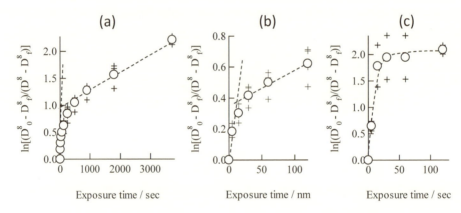

図 10.14 (a) 286 nm，319 nm および 334 nm（＋印）およびそれらの平均値（○）での一次反応プロットおよび(b)その露光初期での一次反応プロット，ならびに，(c) 443 nm と 461 nm（＋印）およびそれらの平均値（○）での一次反応プロット
日本化学会の許可を得て文献 14 の図を改変して転載．

る．反応初期の様子を見るために，露光時間が短い領域でのプロットを図 10.14b に示す．初期の立ち上がりが急こう配であることが読み取れる．一方，443 nm および 461 nm での D^8 値に基づく一次プロットが図 10.14c である．ばらつきが大きいが，50 秒足らずで初期の反応が完結していることが読み取れる．なお，初期の速い反応は Az の場合と同様に，PVA 鎖中に可溶化した DMAAz 成分によるとも考えられるが，高極性の水中では *cis* 体は非常に速やかに *trans* 体に戻るので，この可能性は否定される．

以上の結果から，初期の速い光異性化反応とそれに続くゆっくりとした一次反応が進行していると結論される．さらに立ち入った議論を行うためには結晶での光異性化反応率を知りたい

ところだが，微分スペクトルによってその値を求めることはできない．また，DMAAzはヘキサン抽出操作の過程でcis体が熱戻り反応を起こすので，異性化比率を精度よく求めることができない．このため，Azの場合のような立ち入った結晶光異性化反応を動力学的に解析することに限界がある．こうした状況を踏まえてのことだが，結晶光異性化反応が最表面層から起こると仮定し，結晶表面層で速い反応が起こり，遅い反応はバルク結晶としての出来事に対応すると推察している．この説明は，単結晶表面でSRGが形成できること[7]，および，紫外線照射によって単結晶が屈曲する現象[8]と矛盾しない．さらには，アゾベンゼン誘導体の結晶が光異性化反応によって液体化する現象[10]とも符合するであろう．高次微分スペクトル解析は，固体光化学の分野[11]での新たなアプローチとなると期待される．

6 まとめ

　Az系化合物の結晶に光照射して観察される巨視的な固体状態の可逆的変化が学術的研究対象となっているが，結晶での詳細な光異性化反応挙動は検討されていない．そこで，AzおよびDMAAz結晶をそれぞれPVA水溶液中でビーズミリングに供して微結晶の水分散液を調製し，光散乱によるバックグラウンドを消去できる高次微分スペクトルによって光異性化反応を解析した．

　ヘキサン溶液と微結晶の水分散液との吸収スペクトルを比較すると，Az結晶の吸収帯の微細構造は弱まっているが，溶液より数nm程度の長波長シフトしているものの，スペクトル形状は類似している．一方，DMAAz結晶の吸収スペクトルは長波長へシフトした幅広い形状となり，結晶中での強い分子間相互作用を反映している．

　4次あるいは8次微分スペクトルの有用性は，π,π^*-吸収帯でのn次微分ピーク波長での微分値（D''）によって，光照射した溶液中でのcis体とtrans体の比率が算出できることである．そのため，PVA水溶液中で微分散したAz微結晶の光異性化率は，ヘキサン抽出した溶液のスペクトルから算出できる．一方，DMAAzの場合はcis体の熱戻り反応速度が速いので，この方法はDMAAz結晶光反応には適用できない．一方で，D''値から求めた異性化比率の値から，熱的に不安定なcis-DMAAzの吸収スペクトルが算出できる．

　このような手法によってAz微結晶の光異性化反応を解析した結果，一部がPVA中に分子分散して溶液同様の反応を示す一方で，結晶中での異性化率はおよそ10％程度にとどまることがわかった．DMAAz微結晶では，初期の早い反応とそれに続く遅く反応からなる2段階の過程からなることが判明した．前者は結晶表面層で起こり，後者がバルク結晶での光異性化反応だと考えている．

　以上のように，高次微分スペクトルは分子結晶の光化学反応を解析するうえで有効な手法であることが確認される．

〈文 献〉

1) G. S. Hartley, *Nature*, **140**, 281 (1937).
2) a) H. Kasai H. S. Nalwa, H. Oikawa, S. Okada, H. Matsuda, N. Minami, A. Kakuta, K. Ono, A. Mukoh and H. Nakanishi, *Jpn. J. Appl. Phys.*, **31**, L1132 (1992); b) 笠井, 及川, 中西, 監修市村「光機能性有機・高分子材料の新局面」, p.61 (2002), シーエムシー出版.
3) a) 小松 & 市村, *J. Photopolym. Sci. Technol.*, **2**, 237 (1989); b) 市村, AIST 研究秘話「顔料分散型カラーフィルターの開発と関連研究」; https://sankoukai.org/untold-stories-of-r-and-d/.
4) a) E. Merisko-Liversidge, G. G. Liversidge and E. R. Cooper, *Eur. J. Pharm. Sci.*, **18**, 113 (2003); b) W. S. Choi, H. I. Kim, S. S. Kwak, H. Y. Chung, H. Y. Chung, K. Yamamoto, T. Oguchi, Y. Tozuka, E. Yonemochi and K. Terada, *Internal. J. Mineral Process*, **74**, *Suppl. 1*, 10, S165 (2004).
5) a) K. Hayashi, H. Morii, K. Iwasaki, S. Horie, N. Horiishi and K. Ichimura, *J. Mater. Chem.*, **17**, 527 (2007); b) K. Ichimura, K. Aoki, H. Akiyama, S. Horiuchi, S. Nagano and S. Horie, *J. Mater. Chem.*, **20**, 4312 (2010).
6) a) K. Ichimura, *Chem. Commun.*, 1496 (2009); b) K. Ichimura, *Phys. Chem. Chem. Phys.*, **17**, 2722 (2015).
7) H. Nakano, *J. Phys. Chem. C*, **112**, 16042 (2008).
8) a) H. Koshima, N. Ojima and H. Uchimoto, *J. Am. Chem. Soc.*, **131**, 6890 (2009); b) H. Koshima and N. Ojima, *Dyes Pigm.*, **92**, 798 (2012).
9) K. Ichimura, *Bull. Chem. Soc. Jpn.*, **89**, 1072 (2016).
10) a) H. Akiyama and M. Yoshida, *Adv. Mater.*, **24**, 2353 (2012); b) Y. Norikane, E. Uchida, S. Tanaka, K. Fujiwara, E. Koyama, R. Azumi, H. Akiyama, H. Kihara and M. Yoshida, *Org. Lett.*, **16**, 5012 (2014).
11) 水野, 宮坂, 池田, 「光化学フロンティア 未来材料を生む有機光化学の基礎」, 化学同人 (2018), pp. 130-136.

第11章
コアシェルハイブリッド型有機ナノ結晶の固相光反応

1 はじめに

　高次微分スペクトルでは光散乱によるバックグラウンドが消去でき，かつ，Lambert-Beer則が適用できるので，微分スペクトルにおける等微分点およびキーピークの微分値変化に基づく動力学的解析が可能となる．その実例として，前章ではアゾベンゼン（Az）結晶をポリビニルアルコール（PVA）水溶液中でビーズミリング処理することによってサブμmレベルの微結晶とし，その水分散液での固相光異性化反応を高次微分スペクトルに基づいて解析した[1]．その結果，水中微分散液での光異性化は，溶液中と同様な速い反応と結晶での遅い反応とからなることが判明した．前者は分散安定剤としてのPVAによって水中に分子分散したAzの光異性化反応に対応し，後者が結晶での固相光反応に基づくと結論した．一方，4-ジメチルアミノアゾベンゼン（DMAAz）結晶の水分散液を用いる固相光異性化反応を微分スペクトルによって解析した結果，初期の速い反応と遅い反応とが逐次的に起こり，前者は結晶の表面層，後者は結晶バルクでの光異性化反応に対応すると推定した[2]．

　有機結晶の光反応挙動を解析するためには，PVAのような分散安定剤を用いることなく微結晶が水中で分散することがより好ましい．有機顔料とシリカナノ粉体を乾式ビーズミリングすることによって，コアシェル型の有機・無機ナノハイブリッド型微粒子が得られることを報告したが[3]，この手法を分子結晶に適用し，有機・無機ナノハイブリッド型の多種多様な有機ナノ結晶を調製し，ナノサイズ化による特異的な化学的および物理化学的挙動を明らかにしてきた[4]．そこで本章では，分散安定剤を用いることなく光反応性有機結晶のナノハイブリッド粉体のみを水中に分散し，その光反応挙動を高次微分スペクトルによって検討した[1]．

　はじめに，このナノハイブリッド化法およびナノハイブリッド化された有機結晶の特性を説明し，ついで，Az，DMAAzおよび9,10-ジプロポキシアントラセン（DPA）のナノハイブリッ

ド粉体の固相光反応を高次微分スペクトルによって解析した結果を記す.

2 コアシェル型有機無機ナノハイブリッド微粉体とは

　シリカ微粒子には湿式シリカと乾式シリカがある．湿式シリカは珪酸ナトリウムと硫酸の中和反応によって生成し，沈殿法とゲル法がある．前者では反応条件を選択することによって一次粒子径が制御された凝集構造からなるシリカ粉体が得られる．後者は気相反応によって生成するナノ粉体である．以下に述べるナノハイブリッド化には沈降法シリカを用いている．

　ミリング（MillingあるいはGrinding）処理は，インクなどの色材やカラーフィルター用の透明着色材料などの製造に不可欠であり，医薬品製剤にも欠かせない．しかし，一般的な光機能性材料の分野では，機械的な粉砕という印象が強いためか，この物理的手法が用いられることは非常に少ない．溶媒可溶な分子結晶を加工する際に，あえてミリング法を用いることはないためであろう．実際に，本章で取り上げる有機無機ハイブリッド微粒子に関する筆者ら以外の研究例は，つぎのGüntherらの報告だけである．

　彼らは多環芳香族化合物をシリカゲルとともに乾式ミリングし，芳香族化合物が単分子膜としてシリカ表面に吸着することを報告した[5]．また，芳香族化合物の溶液を用いる湿式吸着との比較も行っており，シリカ表面を芳香族化合物で被覆するためには乾式処理の方が効果的であると述べている．筆者らは，感圧色素のロイコ体クリスタルバイオレットラクトン（CVL）がシリカ表面のシラノール基との酸塩基反応によって，鮮明な青色を呈するトリフェニルメタン系開環体（CVL^+）になることに着目し，湿式シリカ粉体とCVL結晶との乾式ミリングについて界面科学的な検討を行った[6]．CVL^+への開環反応が拡散反射スペクトルによって追跡でき，また，未吸着のCVLのみがトルエン中に選択的に溶解するので，シリカ表面へ吸着したCVLを定量的に分析できる．その概略を以下に記す．

　沈降シリカ粉体（以下，単にシリカと記す）をCVL結晶とともに，卓上型の遊星型分散機を用いて乾式ミーズミリングに供すると，鮮やかな青色の粉体が得られる．この時の反応を図11.1aに示す．CVL^+のCO_2^-基がシリカ表面のシラノール基と水素結合し，正三角形のCVL^+分子はシリカ表面に対して平行に吸着していると考えられる（図11.1b）．一次粒子径が異なる5種類のシリカ粉体をCVLとともに乾式ビーズミリング処理し，得られた青色粉体からトルエンを用いてCVLを抽出し，その溶液中での未吸着CVLをUVスペクトルによって定量した．仕込み量から未吸着量を除した重量をシリカ表面に吸着したCVLの吸着量とした．表11.1には，こうした求めた5種類の一次粒子径が異なるシリカ粉体でのCVL吸着量（mg/m^2）をまとめる．CVL^+の分子面積は$1.15\ nm^2$と見積もられるが，シリカ粉体の一次粒子径やBET比表面積が大きく異なるにもかかわらず，比較的一定の値となっている．また，CVL^+の分子面積の値と表面吸着量から，CVL^+によるシリカ表面の被覆率を求めた．その値も表11.1に示

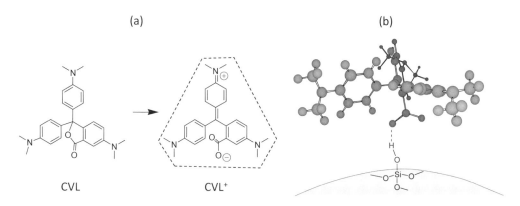

図11.1 (a) CVL から CVL$^+$ への開環反応,および,(b) CVL$^+$ のシリカ表面での吸着構造

表11.1 沈降シリカの特性および CVL のシリカ表面吸着量

シリカ	一次粒子径 (nm)	BET 比表面積 (m^2/g)	吸着 CVL (mg/m^2)	CVL 表面被覆率 (%)
4-NS	4	800	0.27	45
7-NS	7	450	0.34	57
10-NS	10	300	0.38	64
14-NS	14	200	0.23	38
40-NS	40	50	0.33	55
		平均値	0.31	52

す.およそ半分のシリカ表面が CVL$^+$ 分子によって被覆されている.三角形に近い CVL$^+$ の形状を考えると,シリカ表面がびっしりとタイル張りのように被覆されるとは考えにくいが,CVL$^+$ は十分な表面密度でシリカ表面を覆っていることがわかる.以上の結果は,乾式ミリング処理という簡便な方法によって,シリカ表面が有機化合物によって効果的に被覆されることを示す.

乾式ミリング処理という荒っぽい手法によって,なぜラングミュア型単分子膜吸着が起こるのだろう.ビーズミリングによる固体の微粉末化は,衝撃,せん断,圧縮,衝突,摩砕などといった複雑な過程による.ここで重要なことは,ビーズ自体が CVL やシリカ粉体にこうした力学的な作用を直接的にもたらすだけでなく,CVL 同士,シリカ粉体同士,さらには,CVL とシリカ粉体との間で力学的作用が働きうることである.その結果として,固相での酸塩基反応が容易に起こり,CVL の単分子吸着が形成される.

シリカ微粒子と分子結晶からなるコアシェル型の有機無機ナノハイブリッド微粒子を調製する原点は,有機顔料とシリカ微粒子とを乾式ミリング処理してハイブリッド型有機顔料を得る方法である.これは戸田工業㈱によって開発された技術であり[7],そのハイブリッド構造は

第11章 コアシェルハイブリッド型有機ナノ結晶の固相光反応

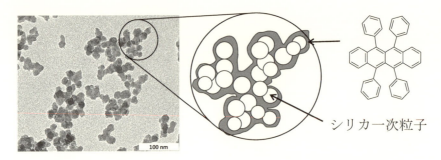

図11.2 0.5：1（w/w）ルブレン-シリカのコアシェル構造の模式図

EF（Energy-filtering）-TEM により，コアシェル構造であることが明らかとなった[8]．コアとなるシリカ微粒子は粒子径 14 nm の一次粒子からなる凝集体であり，その複雑な三次元形状の表面および内部の空隙に有機顔料が堆積する．したがって，ちょうどシリカ粉体表面に CVL が吸着するように，ミリング処理過程でシリカ微粒子表面に有機顔料が付着堆積してハイブリッド化が起こると考えられる．つまり，通常のビーズミリングがブレークダウン型であるのに対して，この方法はボトムアップ型である．従来のミリングによる微粒子化との違いを明確にするために，筆者らは Mass transfer milling と呼ぶことを提案した[4]．

この新たなミリング法を分子結晶に適用すると，多種多様な分子結晶からなるコアシェル型ハイブリッドナノ粒子が調製できる[4]．シリカ微粒子表面に結晶シェル層が均一に形成されるという仮定のもとに，ハイブリッド粒子の TEM 像および BET（Brunauer-Emmett-Teller）比表面積（S_{BET}）の値から分子結晶層の厚みを求めた．分子結晶とシリカ微粒子との重量配合比が 0.5/1 では分子結晶層の平均的な厚みは 1.7～2.5 nm，重量配合比が 1/1 では 2.5～5.7 nm と推算した．つまり，シェル層はシングル nm の分子結晶子の集合体とみなすことができる．ただし，粉末 X 線回折によれば，分子結晶由来の幅広いピークが一部残存しており，図11.2 の模式図に示すように，シリカの複雑な凝集構造内部にナノサイズ化しきれない結晶が堆積していると推定される．また，ナノサイズ結晶という用語を用いているが，10 nm 以下の有機結晶が個々に独立して存在しているのではない．0.5/1（w/w）のルブレン結晶とシリカ粉体からミリング調製した粉体の透過電顕（TEM）観察の結果を図11.2 に示す．さらに，EF-TEM によってシリカ粒子表面に有機結晶が堆積していることが観察されており[4]，筆者らは図11.2 のようなコアシェル構造モデルを提案している．

3　アゾベンゼン結晶のコアシェル型ナノハイブリッド粉体の融解挙動

固体ナノ粒子の特徴の一つは，ナノ金属でよく知られているように，粒子径が約 10 nm 以下になると，粒子径の逆数に比例して融点が低下することである[9]．固体の融解は液状表面と

3 アゾベンゼン結晶のコアシェル型ナノハイブリッド粉体の融解挙動

バルク固体との界面現象として Gibbs-Thompson の式によって扱われ，融点降下は粒子サイズに反比例する．有機結晶も，シングルナノサイズになると融点降下を示すことが報告されている．その一つは，ナノポーラスシリカのナノ空間に充填した分子結晶であり[10]，今一つは，固体ポリマー内に設けたナノ空間内に析出させた分子結晶である[11]．しかし，これらの分子結晶表面は気・固界面ではない．一方，コアシェル型ナノハイブリッド粉体の有機結晶層は気・固界面となるので，理論的な扱いにとってより好ましい．筆者らはいくつかの有機結晶ナノハイブリッドにおける融解挙動を検討し，融点降下がシェル層の厚みに逆比例することを見いだしている[4]．これはナノ金属の挙動とまったく同じであり，表面層における固液界面での相互作用に基づく理論式に合う．

図 11.3a は，Az 結晶ならびにシリカとのナノハイブリッド粉体の DSC 測定の結果である[1]．3/2（w/w）ハイブリッドを除くと，Az 結晶の比率が低下するにつれてピーク幅の広がりとともに，融解ピークが降下する．また，融解し始める温度は大幅に低下している．結晶サイズと融点降下（ΔT_m）との相関を知るために，シェル層がナノ結晶子の集合体だと仮定し，以下の方法によってシェル厚を S_BET の値から見積もった[4]．ハイブリッド粉体と疎水化処理シリカ

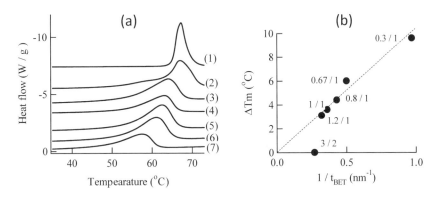

図 11.3 (a)アゾベンゼン結晶-シリカ粉体からなるナノハイブリッドの DSC 曲線．アゾベンゼン/シリカの重量比は，1/0, 3/2, 1.2/1, 1/1, 0.87/1, 0.67/1 および 0.3/1．(b) BET 比表面積（S_BET）とアゾベンゼンの融点降下（ΔT_m）の関係．

表 11.2 アゾベンゼン・シリカナノハイブリッド粉体の BET 比表面積およびそれから求めたシェル厚

ナノハイブリッド	Az/シリカ (w/w)	S_BET (m²/g)	シェル厚 (nm)
AzH-1	1 / 1	79.6	5.2
AzH-0.3	1 / 0.3	123.6	1.6
AzH-0.1	1 / 0.1	138.8	0.54
m-SiO$_2$		152.6	

(m-SiO$_2$)とのS_{BET}の差を求め，シェル層を二次元的に展開するという仮定のもとに，Az結晶の比重（1.22）を考慮に入れてシェル厚を算出した．表11.2に，いくつかのAz/シリカハイブリッドの例を示す．図11.3bにΔT_mとS_{BET}の逆数との相関を示す．3/2（w/w）のハイブリッドを除くと，良好な直線関係が得られる．ハイブリッド化によって融解ピークが幅広くなっているのは，シェル層の厚みが幅広いことを反映する．

4　アゾベンゼン結晶コアシェル型ハイブリッドの光異性化反応

第10章では，Az結晶をPVA水溶液中でビーズミリングによって微分散化したが，ここでは，コアシェル型ハイブリッド粉体を超音波処理によって純水中に分散させた[1]．また，Az結晶と一次粒子径が14 nmであるm-SiO$_2$を1/1（w/w），0.3/1（w/w）および0.1/1（w/w）の割合で混合し，乾式ミリングによって得たハイブリッド粉体を用いた．以下，それぞれの粉体をAzH-1，AzH-0.3およびAzH-0.1と呼ぶ．

これらの希薄微分散液に313 nm光を照射したときの吸収スペクトル変化を図11.4a-cに示す．溶液中ではλ_{max}=315 nm近辺に極大波長を持つ吸収帯が単調に減少するのに対して，ハイブリッド粉体の場合には，λ_{max}=318 nmの吸収帯が光照射初期に減少し，極小値を経て増大し，最終的にλ_{max}=297 nmの吸収帯となる．この奇妙なスペクトル変化の様子は，第10章

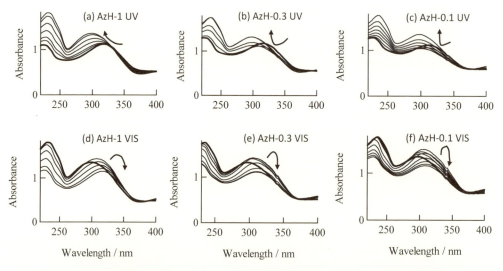

図11.4　アゾベンゼン結晶・シリカナノハイブリッド粉体（AzH-1, AzH-0.3, AzH-0.1）の水分散液に，(a, b, c) 313 nm光を照射し，ついで，(d, e, f) 436 nm光を照射したときの吸収スペクトル変化
太線は光照射前のスペクトルであり，曲線矢印はλ_{max}でのピーク位置の変化を示す．
The Royal Society of Chemistryの許可を得て文献1より転載．

の図 10.1c に示した PVA 水溶液中で調製した Az の微分散液とまったく異なる．ついで，これらの分散液を青色光で照射すると，trans 体に戻るスペクトル変化は不可逆的であり，極大値を経て減少する（図 11.4d-f）．この吸収スペクトル変化も奇妙である．

　この特徴的なスペクトル変化を強調するために，ヘキサン溶液中での挙動と比較した結果を図 11.5 に示す．いうまでもなく，希薄溶液中では単調に吸収帯が減少するのみであり，その 4 次微分スペクトルでの各ピークも単調に増減する（図 11.5c）．ところが，AzH-0.3 の 4 次微分スペクトルでは，振動準位遷移によるピークは観察されず，275 nm と 297 nm に新しいピークが成長している（図 11.5d）．これらは cis 体に帰属され，cis 体への光異性化反応が確認できる．

　この光異性化反応においては trans 体と cis 体のみが関与するにもかかわらず，このように特徴的なスペクトル変化が起こることは，他の分子種が関与していることを示唆する．そこで，それぞれの吸収スペクトル変化から EDQ ダイアグラムを作成した．EDQ ダイアグラムについては第 7 章第 2 節を参照されたい．その結果を図 11.6 にまとめる．それぞれのスペクトル変化に関して，複数の EDQ プロットは勾配が異なるものの，比較的良好な直線を形成している．したがって，この固相光異性化反応は A→B→C で表わされる逐次的なプロセスから成り，結晶中での trans 体分子には環境が異なる二種類があり，それぞれの吸収スペクトルが異なると推定される．

　この 4 次微分スペクトル変化に基づいて結晶中での光異性化反応メカニズムを詳細に議論しているが[1]，ここではその概要のみを記す．結晶表面層の分子は結晶格子の束縛から緩和されやすいことを考慮すると，はじめに 313 nm 照射による cis 体への異性化反応が結晶最表面層で起こり，その結果として発生する cis 体分子と trans 体分子の間に発生する結晶格子の乱れ

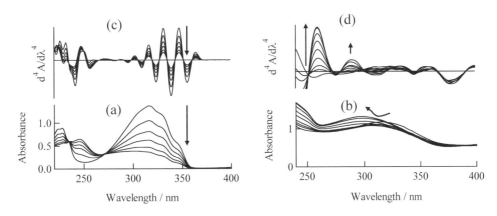

図 11.5　(a)シクロヘキサン溶液，および，(b)ハイブリッド分散液での 313 nm 光照射によるアゾベンゼン光異性化に伴う吸収スペクトル変化，ならびに，(c), (d)それぞれの 4 次微分スペクトル変化

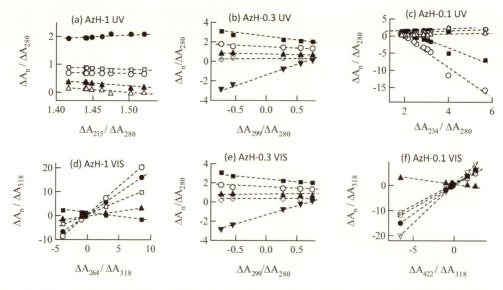

図 11.6 アゾベンゼン結晶・シリカナノハイブリッド微粒子（AzH-1, AzH-0.3, AzH-0.1）の水分散液に，(a, b, c) 313 nm 光を照射し，ついで，(d, e, f) 436 nm 光を照射したときの EDQ ダイアグラム

がつぎの光異性化反応を誘起し，このステップが次々とバルク相へ伝播することによって光異性化反応が進むと推察している．さらに，cis 体の結晶化にともなって光異性化反応が途中で停止すると考えている．以上の考察をまとめたのが式(1)～式(3)である．

$$E^{\mathrm{lib}}/E^{\mathrm{cryst}} \quad \rightarrow \quad Z^{\mathrm{lib}}/E^{\mathrm{lib}}/E^{\mathrm{cryst}} \tag{1}$$

$$Z^{\mathrm{lib}}/E^{\mathrm{lib}}/E^{\mathrm{cryst}} \quad \rightarrow \quad m\,Z^{\mathrm{lib}}/E^{\mathrm{lib}}/E^{\mathrm{cryst}} \tag{2}$$

$$m\,Z^{\mathrm{lib}}/E^{\mathrm{lib}}/E^{\mathrm{cryst}} \quad \rightarrow \quad Z^{\mathrm{cryst}}/E^{\mathrm{cryst}} \tag{3}$$

E^{lib} および E^{cryst} は結晶格子束縛が緩和された表面層の trans 体および結晶バルク相の trans 体であり，それぞれの吸収スペクトルが異なると考える．また，スラッシュは両者の界面を表す．表面層での光異性化反応が式(1)であり，cis 体である Z^{lib} が生成する．その結果，Z^{lib} と E^{cryst} の界面に新たな E^{lib} が生成するので，つぎの光異性化が起こる．このステップの繰り返しが式(2)である．式(3)は m 個の Z^{lib} が Z^{cryst} へと結晶化する過程を示し，結晶格子による束縛が強化されるために光異性化反応が停止すると考える．なお，cis 体は屈曲構造からなるために Z^{lib} と Z^{cryst} の吸収スペクトルは同程度であろう．一方，E^{cryst} は分子間相互作用が強いために，その吸光係数は Z^{lib} よりに小さいであろう．これは $\lambda_{\max}$ での吸光度が極小値を経るスペクトル変化とも矛盾しない．したがって，trans 体から cis 体への結晶光異性化プロセスは 2 種類の trans 体と単一の cis 体が関与している逐次反応として説明できる．

cis 体から trans 体への結晶光異性化反応は，つぎの式(4)から式(6)で説明される．Z^{cryst} は

trans 体へ固相光異性化できるから,式(4)の結果として E^{lib} が生成する.このプロセスが進行する様子が式(5)であり,ついで,E^{lib} が E^{cryst} へと結晶構造を再生する式(6)により,*trans* 体結晶が再生されると考える.図11.4d-f に見るように,通常の *cis* 体から *trans* 体への異性化での吸収スペクトル変化とは異なり,極大値を経る様相も説明できる.つまり,この戻り反応では吸光係数が大きな E^{lib} が中間体として生成するためである.

$$Z^{cryst}/E^{cryst} \rightarrow E^{lib}/Z^{cryst}/E^{cryst} \quad (4)$$
$$E^{lib}/Z^{cryst}/E^{cryst} \rightarrow n\,E^{lib}/Z^{cryst}/E^{cryst} \quad (5)$$
$$n\,E^{lib}/Z^{cryst}/E^{cryst} \rightarrow E^{lib}/E^{cryst} \quad (6)$$

このような反応分子と生成分子との界面に着目した結晶光反応の研究例はあるのだろうか.少なくとも,従来の方法論ではこうした考察は困難あるいは不可能である.なお,十分に紫外線照射した分散液からヘキサン抽出した反応生成物を分析した結果,AzH-1 および AzH-0.1 での光異性化反応率は 30% および 50% であった.AzH-0.1 の方がシェル層の厚みが薄く結晶表面層の成分割合が相対的に大きい.したがって,AzH-0.1 の反応率が大きいことは,結晶表面層で初期の光異性化反応が起こると仮定する上記メカニズムに符合する.さらには,Az の単結晶に紫外線を照射すると結晶表面のモルフォロジーに顕著な変化が起こることが報告されているが[12],この事実とも矛盾しない.

5 4-ジメチルアミノアゾベンゼン結晶コアシェル型ハイブリッドの光異性化反応

Az などの分子結晶とまったく同様に,DMAAz の融解温度はナノハイブリッド化によって降下する.その結果を図11.7 に示す.1/1(w/w)ハイブリッドでは融解温度の低下は顕

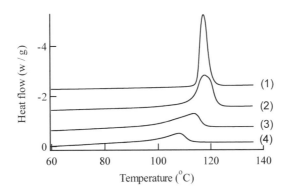

図 11.7 シリカ粉体とハイブリッド化した 4-ジメチルアミノアゾベンゼンの昇温での DSC 曲線[2]
(1)結晶,(2)1/1 ハイブリッド,(3)0.5/1 ハイブリッド,および,(4)0.3/1 ハイブリッド.

第11章 コアシェルハイブリッド型有機ナノ結晶の固相光反応

著ではないが,ピーク幅が広がっており,結晶子のサイズ幅が広いことが推定される.0.5/1 (w/w) および 0.3/1 (w/w) ハイブリッドでは融解ピークは低下しており,しかも,融解開始温度は著しく低下している.DMAAz シェル厚は不均一ではあるが,超薄膜結晶シェル層となっていることがうかがえる.

0.5/1 (w/w) ハイブリッドを水中での超音波処理によって微分散液を調製し,その希薄分散液に 365 nm 光を照射した.オープンスペースのダイオードアレイ分光光度計(島津:Multispec 1500)を用いて,石英セルに入れた分散液を磁気撹拌しながら光照射し,スペクトル測定の際にも光照射を続けた.図 11.8a は,こうして記録された吸収スペクトル変化である.第 10 章での PVA 水溶液分散液でのスペクトル変化とほとんど変わらない.図 11.8b は,その 4 次微分スペクトル変換した結果である.全波長領域にわたって比較的良好な等微分点が認められることから,上記の Az 結晶とは大きく異なり,DMAAz 結晶中では trans 体,cis 体ともに 1 種類のみの分子種として存在していることがわかる.

そこで,4 次微分値(D^4)の変化量が大きな 271 nm,286 nm および 334 nm の微分ピークに着目し,それぞれの波長における D^4 値について露光時間に対して一次反応プロットを作成した.その結果が図 11.9 である.初期の速い反応と,それに続くゆっくりとした反応から成り立っていることが明らかである.それぞれのプロットを直線で近似し,その勾配から反応速度を比較すると,遅い反応に比べると初期の反応は約 25 倍も速い.第 10 章第 6 節で述べたように,速い反応は結晶表面層で起こり,遅い反応は結晶格子による束縛が大きいバルク相に対応すると考えられる.

光反応性有機結晶の研究が広範に積み重ねられてきたが,その中には,結晶表面に顕著な形

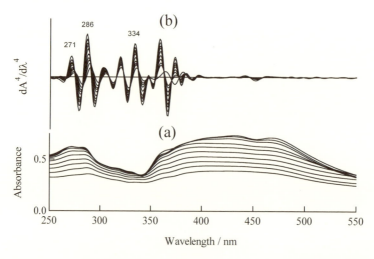

図 11.8　4-ジメチルアミノアゾベンゼンとシリカとのナノハイブリッド粉体の水分散液に 365 nm 光を照射したときの(a)吸収スペクトル変化,および,(b) 4 次微分スペクトル変化[2]

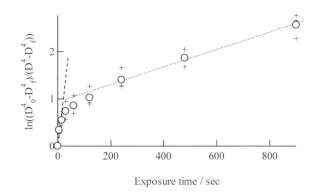

図 11.9 ナノハイブリッドにおける 4-ジメチルアミノアゾベンゼンの
結晶での光異性化反応の一次反応プロット[2]

態変化が起こることが AFM によって観察されており，結晶光化学における表面層に特化した分子構造変化の重要性が指摘されている[13]．一方，フォトクロミック単結晶に光照射することにより結晶の変形が起こる報告がなされているが，ここで取り上げたような固体表面層での動力学に着目した学術的な検討はない．本章での2例に示すように，単結晶表面の特異性に着目した動力学的な検討が望まれる．

6　9,10-ジプロポキシアントラセン微結晶の水分散液での固相光化学反応

2種類の有機結晶とシリカ粉体を乾式ミリング処理することにより，ナノ結晶間での光エネルギー移動[14]および光電子移動系[15]が組み立てられる．たとえば，アントラセン（AN）結晶に微量のテトラセン（TET）結晶を添加してシリカとともに乾式ビーズミリングに供すると，得られるナノハイブリッド粉体は，AN からの青い蛍光は TET からの緑色の蛍光に代わる．つまり，AN 結晶内に TET が固相ドーピングされ，一重項エネルギー移動が効率よく起こる[14]．一方，電子供与性の DPA 結晶と電子受容体としての光酸発生剤であるビス(t-ブチルフェニル)ヨードニウムヘキサフルオロホスフェート（DPIP）結晶をシリカとともに乾式ミリング処理すると，混合結晶のナノハイブリッド粉体が得られる．この粉体に DPA のみが吸収する光を照射すると，DPA の蛍光が消光されるとともに固相での光酸発生反応が起こる[15]．その固相での増感光酸発生メカニズムを図 11.10 に示す．DPA 結晶内での励起子移動を経て，両者の結晶界面で光電子移動が起こる結果として DPIP の分解によって強酸が発生する．

この結晶での増感光酸発生反応のメカニズムを調べるにあたって，PDA 結晶単独の水分散液に紫外線を照射したところ，アントラキノン（AQ）への固相光反応を起こすことがわかった．この光反応は溶液中でも起こり，しかも，アルゴン気流中でも比較的速やかに AQ が生成する．これらから，図 11.11 に示すように，励起一重項状態で C-O 切断が起こってプロピ

第11章　コアシェルハイブリッド型有機ナノ結晶の固相光反応

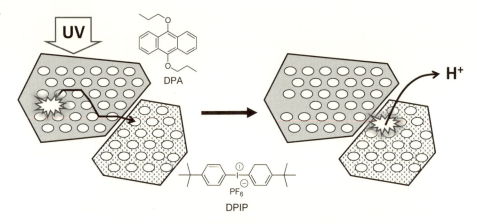

図11.10　DPAとDPIPの混合微結晶における固相増感光酸発生反応

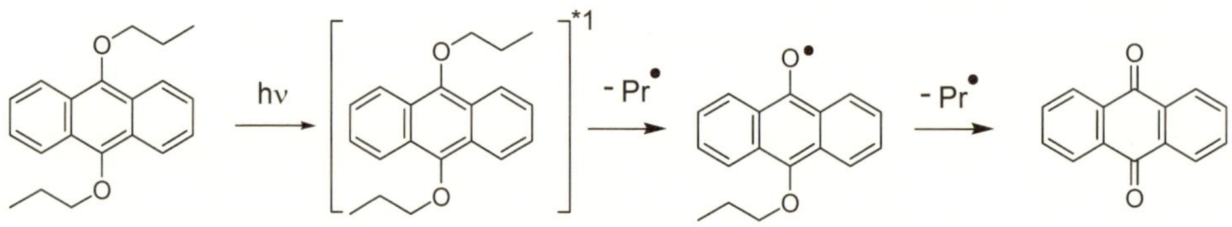

図11.11　DPAの固相光反応の推定メカニズム

ルラジカルの生成を伴って直接AQとなるメカニズムを提案した[16]．

　このDPAの固相光反応をさらに検討するために，DPA結晶とシリカからなるナノハイブリッド粉体を調製し，その水中微分散液に光照射したときの吸収スペクトル変化を図11.12aに示す．DPAが速やかに反応し，340 nm近辺に吸収極大波長をもつアントラキノンが生成していることが認められる[16]．この吸収スペクトル変化を4次微分変換した結果を図11.12bに示す．4次微分スペクトル変化には多数の等微分点が出現していることから，この固相光反応はDPAからAQへの一次光反応であることがわかる．そこで，DPA結晶の384 nm，391 nm，406 nmおよび414 nmの微分ピークに着目し，それらのD^4値を用いて一次反応プロットした．図11.13に示すように，露光時間が80秒までは良好な直線関係にあり，きれいな固相一次反応であることがわかる．ところが，120分露光でのプロットはこの直線から大きく外れており，固相光反応の終盤では結晶格子の乱れなど，なんらかの原因によって固相反応が加速されている．上記したように，AzやDMAAzの固相光反応では結晶表面層での反応加速が示唆されたが，結晶DPAの光反応挙動はそれらとは対照的である．

　ところで，固相での光電子移動は広く知られているが，分子結晶の増感光化学反応の例は見当たらない．そこで，DPAとDPIPの結晶からなるハイブリッドナノ粉体を超音波処理によって水中で微分散させ，その微分散液に365 nmの光を照射したときの吸収および4次微分スペ

クトル変化の様子を図11.14に示す．図11.14aは1:1モル比の混合ナノハイブリッドの微分散液の吸収スペクトルであり，振動準位遷移に帰属される強いサブピークの間に弱いピークが認められ，結晶構造が保持されていることが確認できる．その4次微分スペクトルが図11.14bである．一方，図11.14cはDPAとDPIPのモル比を1:5とした微結晶分散液の吸収スペクトルである．その4次微分スペクトルでは，図11.14dに見るように，振動準位遷移吸収帯の間は平滑化している．DPAの一部が大過剰のDPIP結晶と混晶を形成していることを示唆する．

それぞれの混合ナノハイブリッド分散液に365 nmを照射すると，両者ともに速やかにDPAの吸収帯が減少し消失に至る．光照射しきった吸収スペクトルでは，アントラキノンに

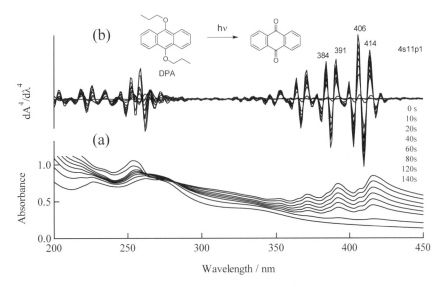

図 11.12　DPA 結晶の水分散液に紫外線を照射したときの(a)吸収スペクトル，および，(b) 4 次微分スペクトル変化

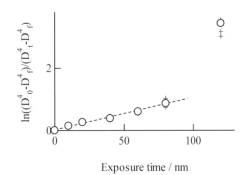

図 11.13　4 次微分スペクトルの D^4 値から求めた DPA 結晶の固相光反応一次プロット

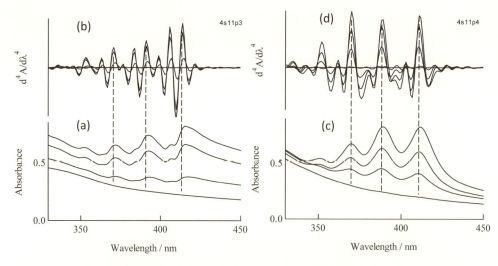

図 11.14 水中に微分散した DPA および DPIP の混合結晶に紫外線照射したときの吸収スペクトル変化（a および c）ならびに 4 次微分スペクトル変化（b および d）
DPA と DPIP の混合比は，(a)，(b) では 1/1（mol/mol），(c)，(d) では 1/5（mol/mol）．

帰属されるブロードな吸収帯が認められることから，DPIP への電子移動で生成する DPA のカチオンラジカルはプロピルカチオンと DPA のオキシラジカルに変換され，ついでアントラキノンが生成すると推定される．この DPA と DPIP の混合結晶を微分散した PVA の水溶液に水溶性の酸架橋剤，たとえば，ビスエポキシ化合物を配合すると，その塗膜薄膜を光照射してからポストベーク処理を施して水現像すれば，ネガ型パターンが得られる[16]．水不溶の光酸発生剤の擬水溶液化，という着想に基づく新たな水系フォトポリマーの例である．

7 まとめ

有機結晶と沈降シリカの乾式ビーズミリングによって，コアシェル型のハイブリッドナノ粉体が容易に得られる．シェル層の厚みは均一ではないが，数 nm 以下と見積もられ，結晶の融解温度は混合比が小さくなるにつれて降下し，その融解低下の程度はシェル厚に逆比例する．この有機結晶ナノハイブリッド粉体の特徴の一つが超音波処理による水中への微分散であり，その水中微分散液の高次微分スペクトル変化によって結晶状態での光反応挙動が検討できる．

Az 結晶のナノハイブリッド粉体を水中に微分散して 313 nm 光を照射すると，光照射初期には trans 体の吸光度が減少し，最小値を経た後に cis 体生成にともなって短波長にシフトした吸収帯が増大する．trans 体への戻り光反応では，λ_{max} が極大値を経る吸収スペクトル変化を示した．溶液とは全く異なる奇妙なスペクトル変化を EDQ ダイアグラムで解析した結果，cis 体への光異性化反応および trans 体への戻り反応での EDQ プロットが良好な直線関係を示

すことから，両者ともに A → B → C で表される逐次的なプロセスであることがわかった．高次微分スペクトルによる解析結果により，*trans* 体には 2 種類の分子種があること，*cis* 体への光異性化反応は結晶表面層で起こり，ついで，バルク相での反応がゆっくりと進むことが分かった．

DMAAz 結晶とシリカからナノハイブリッド粉体の水中微分散液に 365 nm 光を照射すると，*trans* 体の幅広の吸収帯は単調に減少し，微分ピークの D^4 値を用いる一次反応プロットの結果から，初期の速い反応と相対反応速度が 1/25 に低下した遅い反応とからなることが明らかとなった．前者は結晶表面層で起こり，後者は結晶バルク相で起こっていると説明できる．つまり，いずれの化合物でも，結晶最表面層が光異性化反応の起点であると結論される．

カチオン UV 硬化などの増感剤として用いられる DPA は，紫外線照射によって結晶でも AQ へ変換される．水中に微分散したシリカとのナノハイブリッド粉体に紫外線照射すると，その 4 次微分スペクトル変化には多数の等微分点が認められることから，DPA は AQ のみに変換される固相光反応であることが明らかとなった．また，DPA と光酸発生剤 DPIP の混合結晶のナノハイブリッド粉体では，DPIP による DPA 結晶の消光が効率よく起こるとともに，固相での増感光酸発生反応が誘起される．1/1（mol/mol）のハイブリッド粉体の 4 次微分スペクトルでは，DPA 結晶内での励起子移動を経て結晶界面での DPIP への電子移動が起こり，固相増感光酸発生反応が生じると結論される．

分子結晶の光化学反応への関心が高まっているが[17]，紫外可視高次微分スペクトル解析がこの分野に適用されることを期待したい．

〈文　献〉

1) K. Ichimura, *Phys. Chem. Chem. Phys.*, **17**, 2722 (2015).
2) K. Ichimura, B*ull. Chem. Soc. Jpn.*, **89**, 1072 (2016).
3) H. Hayashi, H. Morii, K. Iwasaki, S. Horie, N. Horiishi and K. Ichimura, *J. Mater. Chem.*, **17**, 527 (2007).
4) K. Ichimura, K. Aoki, H. Akiyama, S. Horiuchi, S. Nagano and S. Horie, *J. Mater. Chem.*, **20**, 4312 (2010).
5) (a) G. Fircks, H. Hausmann, V. Francke and H. Günther, *J. Org. Chem.*, **62**, 5074 (1997); (b) H. Günther, S. Oepen, M. Ebener and V. Francke, *Magn. Reson. Chem.*, **37**, S142 (1999).
6) K. Ichimura, A. Funabiki, K. Aoki and H. Akiyama, *Langmuir*, **24**, 6470 (2008).
7) a) 特開 2007-100082（戸田工業）; b) 特開 2008-001796（戸田工業）．
8) S. Horiuchi, S. Horie and K. Ichimura, *ACS Appl. Mater. Interfaces*, **1**, 977 (2009).
9) (a) V. Rotello, "*Nanoparticles: Building Blocks for Nanotechnology*," Springer, New York, 2003; (b) "*Nanoparticles: from Theory to Application*," ed. S. Günter, Wiley-VCH, Weinheim, 2004; (c) "*Nanoparticle Technology Handbook*," ed. M. Hosokawa, K. Nogi, M. Naito and T. Yokoyama, Elsevier, Amsterdam, 2007.

10) (a) C. L. Jackson and G. B. McKenna, *J. Chem. Phys.*, **93**, 9002 (1990);(b) R. Mu and V. M. Malhotra, *Phys. Rev. B*, **44**, 4296 (1991);(c) C. L. Jackson and G. B. McKenn, *Chem. Mater.*, **8**, 2128 (1996).
11) J.-M. Ha, M. A. Hillmyer and M. D. Ward, *J. Phys. Chem. B*, **109**, 1392 (2005).
12) K. Nakayama, L. Jiang, T. Iyoda, K. Hashimoto and A. Fujishima, *Jpn. J. Appl. Phys.*, **36**, 3898 (1997).
13) G. Kaupp, *Angew. Chem., Int. Ed. Engl.*, **31**, 592 (1992).
14) K. Ichimura, *Chem. Lett.*, **39**(6), 614 (2010).
15) K. Ichimura, *Phys. Chem. Chem. Phys.*, **13**, 5974 (2011).
16) K. Ichimura, *J. Mater. Chem.*, **17**, 632 (2007).
17) 水野, 宮坂, 池田, 「光化学フロンティア 未来材料を生む有機光化学の基礎」, 化学同人 (2018), pp. 130-136.

第12章
ヘキサトリエン系化合物の結晶光化学反応のメカニズム

1 はじめに

　第10章および第11章ではアゾベンゼン類などの微結晶の水分散液をサンプルとし，それに光照射した際の紫外可視高次微分スペクトル変化から，結晶中での光反応挙動を動力学的に解析できることを例示した．このような分子結晶の固相光化学は学術的な対象だが，固相は結晶だけでなく，多種多様な固体が包含されるという観点から，結晶光化学という基礎研究が見直されていい．たとえば，非晶性，液晶性さらには結晶性のポリマー膜中での光反応挙動を定量的に理解するうえで，結晶光化学反応のメカニズム解明は意義がある．本章では，ヘキサトリエン系の結晶光化学を対象とし，その結晶薄膜の高次微分スペクトル解析を取り上げる．

　アゾベンゼン類は N=N 結合での可逆的な幾何光異性化反応を示し，その分子構造変化を巨視的な材料物性へ変換する多数の系が活発に報告されてきた．一方，C=C 結合での固相光異性化反応も学術的な研究対象とされており[1]，共役系であるジエン系（C=C-C=C）[2,3]，さらには，トリエン系（C=C-C=C-C=C）[4,5]へも展開されている．しかし，こうした C=C 系光異性化反応に着目する光機能材料への展開は乏しい．その要因として，光異性化反応以外に 2+2 環化付加反応などの副反応が併発する場合があること，光異性化反応に要する反応空間がアゾベンゼン系に比較して大きいと受け止められがちなことが挙げられよう．しかし，その独特な光反応挙動に着目した実用的な展開があっていいだろう．

　自然界ではポリエンとしてのレチナールの光異性化反応を起点とする視物質ロドプシンや光エネルギー変換素子バクテリオロドプシンが活躍している[6]．脊椎動物などのロドプシンでは，11-*cis*-レチナールがリジンのアミノ基を介して7本のヘリックス構造から成るタンパク質であるオプシンの中に埋め込まれており，図12.1に示す all-*trans* 体への異性化に伴う分子構造変化がヘリックスの配列状態に変化をもたらす．ちなみに，筆者らは，液晶光配向を制御する

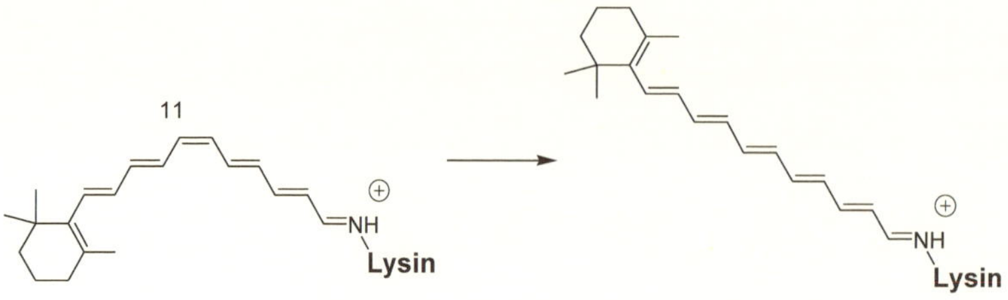

第12章 ヘキサトリエン系化合物の結晶光化学反応のメカニズム

図 12.1 視物質 11-*cis*-レチナールの光異性化反応

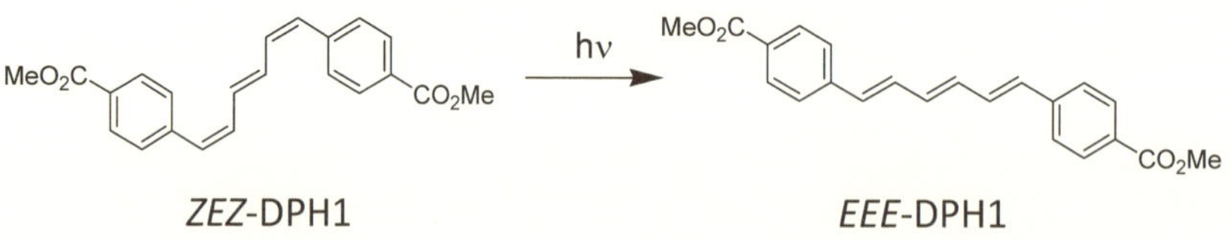

図 12.2 *ZEZ*-DPH1 の *ZEZ*–*EEE* 光異性化反応

光発色団として 11-*cis*-レチナール[7]やレチノイン酸[8]の単分子膜を検討したことがあったが，ポリエンならではの特徴を見いだすことはできなかった．自然界と人工系とのあまりに大きい落差に恐れ入るばかりであった．

　本章で取り上げるトリエン系化合物は，ヘキサトリエンの両端に置換フェニル基が導入された一連の化合物であり，Sonoda らによって合成され，溶液中での光異性化反応が詳細に検討された[5]．その過程で，図 12.2 に示す化合物などが溶液中だけでなく，単結晶でも片道光異性化反応を引き起こすことが見いだされた[9]．筆者がこの固相光反応に興味を抱いたのは，分子の形が大きく異なるにもかかわらず，なぜ，結晶状態で光異性化反応が起こるのか，という単純な理由であった．11-*cis*-レチナールの光異性化反応と何らかの関連性がありそうだ，という思いもあった．そこで，この化合物の光異性化反応に伴う吸収スペクトルおよび粉末 X 線回折に関するデータを提供していただき，動力学的解析を行った[10]．11-*cis*-レチナールの光異性化反応を模した光機能材料への手掛かりになればと思う．

2　溶液中での *ZEZ*–*EEE* 光異性化反応

　分子構造が複雑なので，その略号を説明する．ここでは，*trans* 体を E(entgegen) 体とし，*cis* 体を Z(zusammen) 体と表記する．図 12.2 の 1,6-ビス(*p*-置換フェニル)ヘキサトリエン誘導体は 3 つの C=C 結合からなるので，それぞれの幾何異性体の組み合わせとして，*EEE*，*EEZ*，*EZZ*，*EZE*，*ZEZ* および *ZZZ* がある．無置換ジフェニルヘキサトリエンの光異性化反応に関しては Saltiel らによる研究があるが[4]，Sonoda らはフェニル基の *p*-位に各種置換基を

導入した化合物を合成し，光異性化反応などに対する置換基効果に重点を置いた検討を行った．その過程で，図 12.2 に示す ZEZ 体から EEE 体への光異性化反応が単結晶でも起こることを見いだした[9]．ここでの p-位の置換基は CO_2CH_3 だが，エステル基の炭素数が大きいほど，結晶での光異性化反応は起こりやすい．以下，図 12.2 の化合物を DHP1 と表記し，異性体構造に対応する ZEZ あるいは EEE を付記する．したがって，ここでの光反応は ZEZ-DHP1 から EEE-DPH1 への光異性化である．なお，この結晶での光異性化反応生成物を HPLC で分析した結果，生成物から EEE-体以外の異性体が検出されないことが明らかになっている[9]．

はじめに，ZEZ-DHP1 のメチルシクロヘキサン溶液に光照射したときの吸収スペクトル変化を図 12.3a に示す．この結果から以下の知見が得られる．第一に，350 nm 近辺に明瞭な等吸収点が認められ，この光反応が単一であることが示唆される．反応の単一性をさらに確認するために，このスペクトル変化の波長領域での ED ダイアグラムを作成した．図 12.4 に示すように，測定波長範囲にわたって良好な直線関係が得られており，反応の単一性が追認される．第二に，照射前の ZEZ-DHP1 は吸収極大波長（λ_{max}）が 348 nm である幅広い単一の吸収帯のみを有する一方で，光反応生成物である EEE-DPH1 は 3 つのピークからなる明瞭な微細構造からなる吸収帯を持つ．

図 12.3b は 4 次微分スペクトル変化であり，これから以下の知見が得られる．吸収スペクトルでの 3 つの吸収帯ピークに対応する 4 次微分ピークの間に，新たなピークが見受けられる．

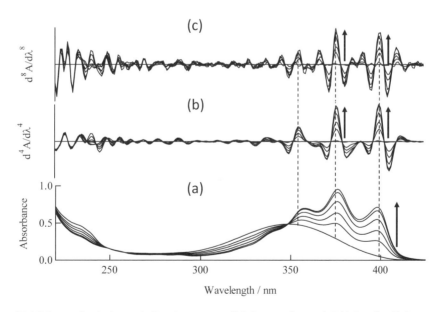

図 12.3　メチルシクロヘキサン中での ZEZ 体から EEE 体への光異性化反応に伴う
(a)吸収スペクトルおよび(b) 4 次，ならびに，(c) 8 次微分スペクトル変化
The Royal Societyof Chemistry の許可を得て，文献 10 の図を改変して掲載．

第12章 ヘキサトリエン系化合物の結晶光化学反応のメカニズム

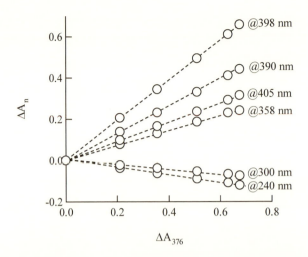

図12.4 *ZEZ*-DPH1のメチルヘキサン溶液に紫外線を照射したときの吸収スペクトルに対するED-ダイアグラム
The Royal Society of Chemistryの許可を得て，文献10の図を掲載．

図12.3cに示した8次微分スペクトルでは，*EEE*-DPH1の3つの主たる微分ピークの間に2つのピークが顕在化する．このようなスペクトル形状は第2章で取り上げた芳香族多環化合物の場合によく似ており，*EEE*-DPH1は線状構造であるにもかかわらず，剛直なπ-共役系である特徴を有することが判明する．一方，*ZEZ*-DHP1の幅広い吸収帯は高次微分スペクトルではゼロ線と重なるので，それぞれのピークの微分値の変化によって光異性化が追跡できる．この微分スペクトル変化では多数の等微分点が観測できるが，図12.3bまたは図12.3cではその様相が見にくいので，4次微分スペクトル変化を2つの波長領域に分割し，その結果を図12.5に示す．スペクトル形状を見やすくするために，2つの図の縦軸の値は変えてある．点線は光照射前の微分スペクトルである．図12.5aは210 nmから330 nmの結果だが，多数の等微分点が観察され，反応の単一性が決定的となる．300 nm以上のスペクトル変化が図12.5bに相当するが，この波長領域では*ZEZ*-体の微分スペクトルはゼロ線にほぼ一致しており，分子平面性の欠如が確認される．

以上の結果から，*ZEZ*-体は*EEE*-体に直接光異性化していると結論される．つまり，*ZEZ*-体から*ZEE*-体を経由して*EEE*-体に光異性化するのでもないし，*EEE*-体がさらに*ZEE*-体へ光異性化することもない．したがって，2つの*Z*体の部分構造からなるにもかかわらず，線状構造の*EEE*-体へと一挙に変換される片道光異性化反応である．

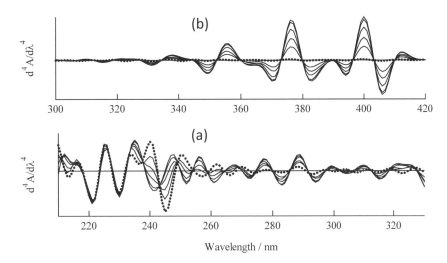

図 12.5　メチルシクロヘキサン中での ZEZ 体から EEE 体への光異性化反応に伴う (a)短波長，および(b)長波長領域での 4 次微分スペクトル変化
点線は光照射前のスペクトルを示す．The Royal Society of Chemistry の許可を得て，文献 10 の図を掲載．

3　二重結合周りでの光異性化反応メカニズム

　本題の結晶光異性化反応に立ち入る前に，二重結合周りの光異性化反応のメカニズムについて触れておく．いくつかのメカニズムが提案されているが，研究者によってそれぞれの妥当性が主張されており，光異性化反応のメカニズムを推挙する根拠については筆者の理解を越える部分もある．分子構造に付した矢印だけでは説明しがたいことを承知の上で，提案されているメカニズムの概要を図 12.6 に示す．

　N=N 結合でのアゾベンゼン光異性化反応には，図 12.6 の (A) に示すように回転機構（a1）と反転機構（a2）が古くから提案されてきた．反転機構では，trans-アゾベンゼン分子が成す平面に近似される面に沿ってフェニル基が向きを変えるので，反応に要する空間は回転機構よりずっと小さい．アゾベンゼン光異性化反応が固体ポリマー中で容易に進行するのは反転機構に基づくためと理解されてきた．

　C=C 結合周りでの光異性化反応に関しては，図 12.6 の (B) に見るように，回転（One-bond flip）機構の他に，自転車のペダル運動を模した機構（Bicycle-pedal model または motion；以下，BPM と略す）がある（図 12.6 の b3）[11]．タンパク質オプシンに埋め込まれた 11-cis レチナール分子が速やかに all-trans 体に光異性化する事実は回転機構では説明できず，Warshel によって BPM 機構がはじめて提案された[11]．今一つの説として，アゾベンゼンにおける反転機構に類似したフラ・ツイスト（Hula-twist；以下，HT と略す）と呼称される機構も提案された[12]．

第12章　ヘキサトリエン系化合物の結晶光化学反応のメカニズム

　BPM機構とHT機構はともに，C=C結合周りでの大きな反応空間を必要としないので，固相で光異性化反応が起こることをうまく説明できる．しかし，C=C-C=Cのような共役系の場合には，反応経路は両者間で大きく異なる．図12.7はZZ-1,4-ジフェニルブタジエンがEE体へ光異性化反応する場合を示す．Saltielらは，図中の括弧内で表現される光励起状態を経て一挙にEE体へ異性化するBPM機構を提案している[3]．一方，HT機構によれば，2つのZ体構造が段階的にE体に異性化することになるので，ZZ→ZE→EEで表現される逐次的なプロセスとなり，ZE体が中間体として生成する．実験事実としてはZZ体が直接EE体になるので，SaltielらはBPM機構だと結論している．

　本章で取り上げているZEZ-DPH1でも，HT機構に基づく異性化反応であれば，EEE体以

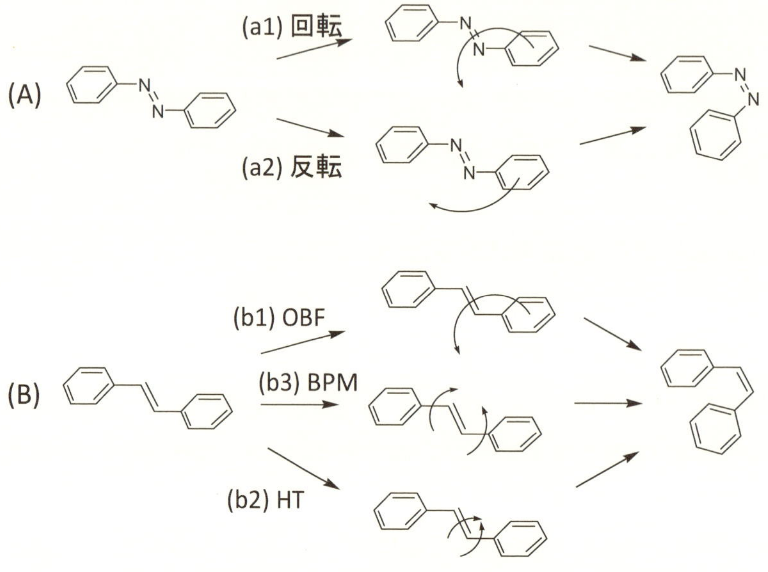

図 12.6　(a) N=N結合および(b) C=C結合周りでの光異性化反応メカニズム
　　　　　OBT，BPMおよびHTはそれぞれ，One-bond-flip，Bicycle-pedal motionおよびHula-twistである．

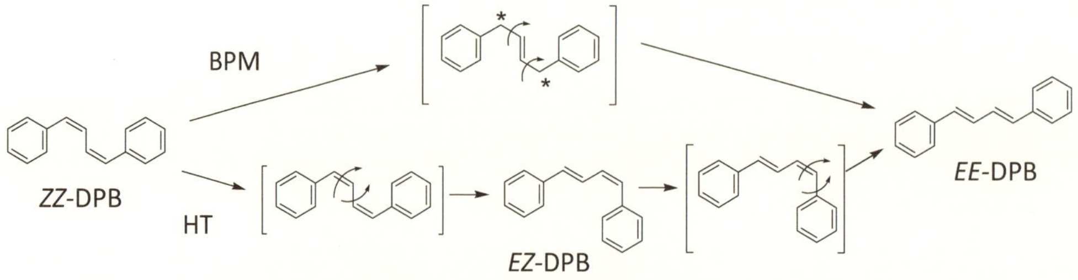

図 12.7　ZZ-1,4-ジフェニルブタジエンの光異性化反応
　　　　　DPBはジフェニルブタジエンである．

外の異性体，たとえば，EEZ 体が中間体として生成するはずである．しかし，中間体を経ることなく EEE 体への異性化が直接起こる実験事実に反する．したがって，ZEZ-DPH1 は EEE-DPH1 へ BPM 機構によって一段階で光異性化すると結論される．

4　結晶での片道光異性化反応に関する高次微分スペクトル解析

Sonoda らは，ZEZ 体の単結晶に紫外線照射すると EEE 体のみが生成することを HPLC で確認したうえで，ZEZ-DPH1 をはじめ，エステル基でのアルキル炭素数が異なる一連の化合物の単結晶 X 線構造解析を行い，光異性化の反応性とアルキル鎖の関連について議論している[9]．また，ZEZ-DPH1 の塩化メチレン溶液を溶融石英基板上に塗布，乾燥する "drop-casting method" によって励起紫外線の透過性が確保された微結晶薄膜層を調製し，光照射に伴う吸収スペクトル変化および粉末 X 線回折（XRD）の変化を確認した．しかし，結晶での光反応メカニズムについての立ち入った議論はなされていなかった．

ZEZ-DPH1 の微結晶薄膜層に紫外線を照射すると，図 12.8a に示す吸収スペクトル変化が観察される．その様子は図 12.3a の溶液スペクトル変化とまったく異なる．光照射にともなって長波長領域に微細構造が出現するが，その吸収波長は溶液中より長波長側にシフトしている．露光は長時間にわたっており，多くのスペクトルが近接しているために有意な知見は得られないが，長波長側の 4 つのピーク波長での吸光度の平均値を露光時間に対してプロットした

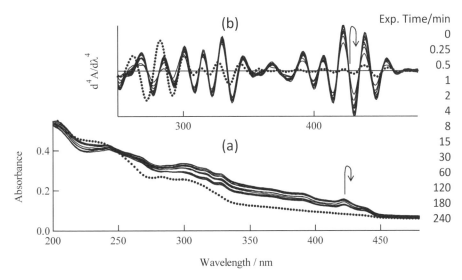

図 12.8　ZEZ-DPH1 微結晶薄膜層に紫外線を照射したときの(a)吸収スペクトル変化および(b) 4 次微分スペクトル変化
点線は光照射前のスペクトル．
The Royal Society of Chemistry の許可を得て，文献 10 の図を掲載．

第12章 ヘキサトリエン系化合物の結晶光化学反応のメカニズム

結果が図 12.9a である．図 12.9b には，露光初期の吸光度変化を示す．数分後の極大値を経て吸光度がゆっくりと減衰している．複数の光反応が関与していることが示唆されるが，それ以上は不明である．

図 12.8a の吸収スペクトル変化を 4 次微分変換した結果が図 12.8b である．ここでは，吸収スペクトルにおける光散乱によるベースラインの乱れが消去される．振動準位遷移に基づく微分ピークが明瞭化しており，結晶中での強い π,π^*-相互作用を反映して極大波長は溶液中より

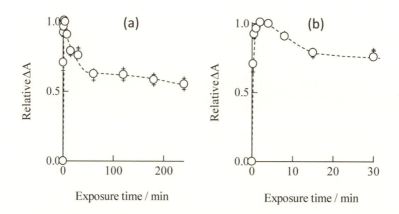

図 12.9 (a)図 12.8a に示す吸収スペクトル変化での 350 nm，392 nm，407 nm および 423 nm における相対的な吸光度変化および(b)光照射初期での相対的吸光度変化
The Royal Society of Chemistry の許可を得て，文献 10 の図を掲載．

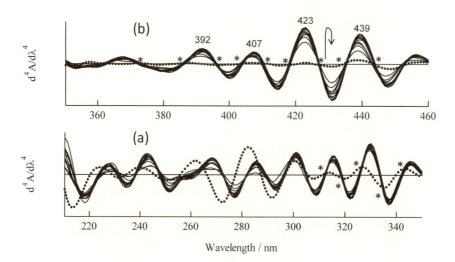

図 12.10 (a)低波長領域，および，(b)長波長領域での ZEZ-DPH1 微結晶薄膜層に紫外線を照射したときの 4 次微分スペクトル変化
点線は光照射前のスペクトルである．＊印は等微分点を示す．
The Royal Society of Chemistry の許可を得て，文献 10 の図を掲載．

大幅に長波長へシフトしている．この4次微分スペクトルでも多くのスペクトルが重なっているために解析が難しい．そこで，2つの波長領域に分割した4次微分スペクトルを図12.10に示す．

図12.10の点線は光照射前の ZEZ 体の微分スペクトルだが，400 nm 以上ではゼロ線と多少のずれが認められる（図12.10b）．図12.5b に示す溶液中での ZEZ-DPH1 の微分スペクトルでは，350 nm 以上のスペクトル線がゼロ線に一致しているのと対照的である．これは，結晶中では ZEZ 体の分子運動性が抑制されていることを意味する．さらに重要な点は，およそ300 nm 以上の微分スペクトル変化では数多くの等微分点が出現しており，この波長範囲でのπ-共役系の結晶光反応は単一であることを示唆する．ところが，図12.10b に見るように，300 nm 以下では等微分点が認められない．これは光異性化以外の反応によって 300 nm 以下の生成物が出現していることを示唆する．長時間露光による光酸化反応によってヘキサトリエン系が切断されるためだとして説明できる．

この結晶での光反応の様相を知るために，EEE 体に帰属される 392 nm, 407 nm, 423 nm および 439 nm での4次微分値（D^4）に着目し，それらの露光時間に対する相対値の平均値をプロットした．その結果をまとめたのが図12.11である．ここではバックグランドが消去されているので，D^4 値が EEE 体の濃度変化に対応する．図12.11a は照射時間全般にわたる D^4 値の変化を示すが，そのプロットは3つの直線部分に近似できる．露光時間が1分以内に速やかな立ち上がりがあり，その後の増加の程度はゆっくりとしており，ついで，およそ30分照射での極大値を経て D^4 値は減少する．つまり，EEE 体への光異性化反応には2種類があり，長時間照射によって EEE 体が非常にゆっくりと消失していることがわかる．しかし，反応速度が大幅に異なる2つの結晶光異性化反応が関与している理由については，この結果だけでは

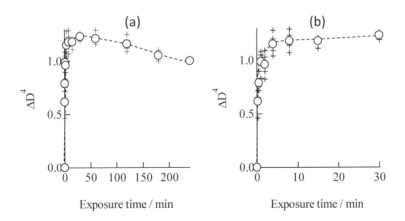

図12.11　ZEZ-DPI1 微結晶層に紫外線を照射したときの 392 nm, 407 nm, 423 nm および 439 nm での4次微分値（D^4）平均値（○）の露光時間依存性
The Royal Society of Chemistry の許可を得て，文献10の図を掲載．

第12章 ヘキサトリエン系化合物の結晶光化学反応のメカニズム

推察できない．一方，光照射後半での D^4 値減少，すなわち，EEE 体が消費されることは，上述したように，ヘキサトリエン系が光酸化反応によるとして説明可能である．いずれにしても，微分スペクトルの結果だけでは，これ以上立ち入った結晶光反応の解析は難しい．そこで，微結晶薄膜に紫外線を照射したときの XRD 変化について検討を行った．

5　粉末 X 線回折による検討

XRD 測定サンプルは，上述の光照射サンプルと同様に，ZEZ-DPH1 の針状結晶を塩化メチレンに溶解し，その溶液を溶融シリカ基板上に塗布して乾燥させて微結晶層として調製した．そのサンプルに光照射したときの XRD パターン変化を図 12.12 にまとめる．図 12.12a および図 12.12c はそれぞれ ZEZ-DPH1 および EEE-DPH1 の XRD パターンである．図 12.12b は，ZEZ-DPH1 の微結晶層に紫外線を照射したときの各照射時間におけるパターンである．

複雑な図のために見にくいが，図 12.12a の XRD パターンと図 12.12b における光照射前にパターンに着目する．光照射前の XRD には＊印でマークした 3 つの新たなピークが出現している．これらのピークは 15 分照射によって完全に消失している．この事実は，光照射前のサンプルには 2 種類の結晶が混在し，その一方が速やかに光異性化反応を起こしているとして説

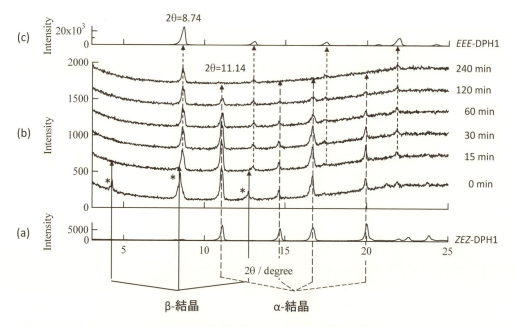

図12.12　(a) ZEZ-DPH1 針状結晶の XRD パターン，(b) 紫外線を照射したときの ZEZ-DPH1 の微結晶層に XRD パターンの変化，(c) EEE-DPH1 結晶の XRD パターン
　　　　The Royal Society of Chemistry の許可を得て，文献 10 の図を掲載．

明される．図12.12a はアセトニトリルから再結晶した針状結晶（以下，α-結晶と呼ぶ）の XRD だが，Sonoda らはこの結晶を用いて光異性化反応を検討している[9]．この α-結晶の溶液から基板上に析出した微結晶層には，結晶構造が異なる他の微結晶が混在しているとして＊印の新たなピークの出現が合理的に説明できる．この結晶形を β-結晶と呼ぶと，β-結晶としての ZEZ-DPH1 は 15 分照射後には完全に消失しており，この 15 分照射での XRD パターンと図12.12c に示す EEE 体の XRD パターンとを照合すれば，β-結晶が EEE 体へ光異性化していることが明らかとなる．この反応が図12.11における光照射初期の速い反応に対応していると考えれば，微分スペクトル解析の結果と整合性がとれる．一方，α-結晶に帰属される XRD ピークの減少はゆっくりだが，EEE 体以外に新たなピークは出現していない．これから，ZEZ 体である α-結晶も EEE 体のみに光異性化していることがわかる．つまり，Sonoda らの論文で対象となった ZEZ-DPH1 の単結晶での光異性化反応に対応することになる．

結晶での光異性化反応を動力学的に検証するために，図12.12b に示すパターン変化から露光時間に対する XRD ピークの強度変化を求めた．この XRD パターンでのノイズが顕著なために，Savizky-Golay 法によるスムージングを行った．ZEZ 体の光異性化反応過程を知るために α-結晶に帰属される $2\theta=11.14$ のピークに着目し，EEE 体の変化は $2\theta=8.74$ でのピークによってモニターした．その結果を図12.13 に片対数グラフとしてまとめる．●印が示すように，露光時間の対数に対して ZEZ 体の XRD ピークは直線的に減少している．一方，EEE 体の XRD ピークは 30 分照射後にはゆっくりと減少しており，長時間露光によって光酸化反応による分解が起こっていることが示唆される．ZEZ 体の XRD ピーク強度に関して一次反応プロットした結果が図12.14 である．良好な直線が得られており，ZEZ 体の結晶反応は，溶液

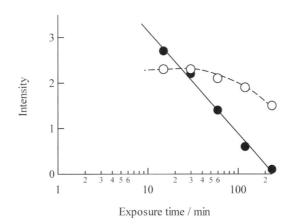

図12.13　$2\theta=11.14$ および $2\theta=8.74$ での XRD ピーク強度の露光時間に対する片対数プロット
　　　　前者は ZEZ-DPH1（α-結晶：●印），後者は EEE-DPH1（○印）の変化に対応する．
　　　　The Royal Society of Chemistry の許可を得て，文献10の図を掲載．

第12章　ヘキサトリエン系化合物の結晶光化学反応のメカニズム

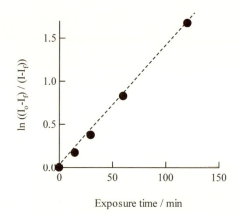

図 12.14　$2\theta=11.14$ での強度変化から求めた ZEZ-体（α-結晶）光異性化反応の一次反応プロット
The Royal Society of Chemistry の許可を得て，文献 10 の図を掲載．

の場合と同様に中間生成物を経ることなく，直接 EEE 体へ光異性化していることが明らかである．

以上の結果から，顕著な形態変化を伴う ZEZ 体から EEE 体への光異性化反応は，結晶中でも BPM 機構によって光異性化すると結論される．また，微分スペクトルの解析結果と照合することによって，ヘキサトリエン構造の光酸化反応による共役系切断が長時間露光によって誘起されることもわかる．

6 結晶光化学反応での高次微分スペクトルの意義

有機結晶の光化学反応は，1834 年に Trommsdorf が駆虫剤サントニンの結晶が光によって変化することを発見したことが発端だが[3]，この結晶光反応の全貌が明らかにされたのは，実に約 170 年後のことである[4]．結晶光化学は筆者の主たる研究領域ではないので，この分野を俯瞰することに不安を覚えるが，結晶での光化学反応における主たる学術的興味の対象は，X線構造解析に基づいて反応に関与する原子群の精緻な可動空間の議論にあると思われる．近年には，有機結晶の巨視的な形態変化や液体化などのように光機能化を念頭においた研究も展開されている．

結晶学の立場から結晶最表面層に着眼した動力学的検討は考慮外だと思うが，光反応に伴って単結晶表面の形態が変化する現象は原子間力顕微鏡観察によって多くの例が報告されてきた．しかし，この手法でも分子レベルでの定量的な解析はできない．第 10 章および第 11 章でも取り上げたように，高次微分スペクトルによって結晶光反応を動力学的に解析することが可

能となる．高次微分スペクトルは結晶光化学反応の研究に大きく寄与すると考える．

なお，Sonoda らは，*ZEZ* 体単結晶での光異性化反応は光照射初期には遅く，誘導期間を経てから反応が進行することを報告している[9]．単結晶での *ZEZ-EEE* 光異性化反応曲線がシグモイダル形状を描くことを説明するために，上記した一次反応速度論ではなく，非指数関数的な理論モデル（Non-exponential kinetics）が提案されているが[5]，その不合理性を指摘しておく．ここで用いられている実験データは，Sonoda らの論文[9]に記載されている反応曲線である．この実験では，単結晶を光照射していることに留意すべきである．つまり，照射される紫外線は増大する *EEE* 体によって強く吸収され，この内部フィルター効果によって誘導期間が発生し，反応曲線がシグモイダル形状となるとして無理なく説明できる．言い換えると，この理論モデルにはこうした内部フィルター効果が考慮されていない．本章で取り上げた吸収スペクトル変化では，増大する *EEE* 体の吸光度は最大でもおよそ 0.2 である微結晶の集合体である点を留意されたい．注意すべきことに，この非指数関数モデルはポリ酢酸ビニルフィルム中でのフルギドのフォトクロミック反応にも適用されており，実験的な裏付けに基づく再検証が望まれる．

7　まとめ

ヘキサトリエン（C=C-C=C-C=C）誘導体の光化学は，*cis*-レチナールに関連して興味深い．第一に，*cis* 体構造を含む誘導体が all-*trans* 体へ不可逆的に光異性化する片道異性化反応であることに共通点がある．第二に，光異性化に伴う反応空間が最小である BPM 機構を実証できれば，視物質ロドプシンでの光異性化反応機構を支持しうる．

ZEZ-DPH1 は，メチルシクロヘキサン溶液中で *EEE* 体へ光異性化する．その反応の単一性は，紫外線照射に伴う吸収スペクトル変化での ED-ダイアグラム 4 次微分スペクトル変化により明らかとなった．これらの事実は，*ZEZ* 体は *EEE* 体へ BPM 機構に基づいて光異性化することを支持する．

結晶での *ZEZ*-DPH1 の光異性化反応については，微結晶薄膜層の吸収スペクトル変化を 4 次微分変換してバックウランドを消去し，この結晶での光異性化反応には光照射初期の速い反応とそれに続く遅い反応があり，生成する *EEE* 体がゆっくりと光酸化反応によって消費されることがわかった．微結晶薄膜層の光反応を XRD で追跡した結果も結晶での光異性化反応が単一の一次反応であることを支持し，BPM 機構に基づくことが明らかとなった．大きな分子形状変化を伴う共役トリエン系の光異性化反応が BPM 機構で完結することを起点とし，視物質を模擬した光機能材料へのアプローチに期待したい．

最後に，*ZEZ*-DPH1 の溶液と結晶での吸収スペクトル変化および結晶 XRD パターンの変化に関するデータを提供していただき，さらに，貴重な議論をしていただいた園田与理子なら

第12章　ヘキサトリエン系化合物の結晶光化学反応のメカニズム

びに後藤みどり両博士に心から謝意を表する．

〈文　献〉

1) a) Y. Mori and K. Maeda, *Acta Crystallogr., Sect. B: Struct. Sci.*, **50**, 106 (1994); b) G. Kaupp and J. Schmeyers, *J. Photochem. Photobiol. B*, **59**, 15 (2000).
2) a) T. Odani, A. Matsumoto, K. Sada and M. Miyata, *Chem. Commun.*, 2004 (2001); b) N. Noshizawa, J. Nakamura and A. Matsumoto, *Cryst. Growth Des.*, **11**, 3442 (2011).
3) a) J. Saltiel, T. S. R. Krishna and R. J. Clark, *J. Phys. Chem. A*, **110**, 1694 (2006); b) J. Saltiel, T. S. R. Krishna, S. Laohhasurayotin, K. Fort and R. J. Clark, *J. Phys. Chem. A*, **112**, 199 (2008).
4) a) J. Saltiel, D.-H. Ko and S. A. Fleming, *J. Am. Chem. Soc.*, **116**, 4099 (1994). b) J. Saltiel, D. Papadimitriou, T. S. R. Krishna, Z.-N. Huang, G. Krishnamoorthy, S. Laohhasurayotin and R. J. Clark, *Angew. Chem., Int. Ed.*, **48**, 8082 (2009).
5) (a) Y. Sonoda and Y. Suzuki, *J. Chem. Soc., Perkin Trans. 2*, 401 (1996); (b) Y. Sonoda, W. M. Kwok, Z. Petrasek, R. Ostler, P. Matousek, M. Towrie, A. W. Parker and D. Phillips, *J. Chem. Soc., Perkin Trans. 2*, 308 (2001).
6) a) 日本光生物協会編,「第1巻　生物の光環境センサー」, 共立出版 (1999); b) 日本光生物協会編,「第2巻　光環境と生物進化」, 共立出版 (2000).
7) 青木，市村，玉置，関，川西，高分子論文集, **47**, 771 (1990).
8) S. Furumi, M. Nakagawa, S. Morino and K. Ichimura, *Polym. Adv. Technol.*, **11**, 427 (2000).
9) Y. Sonoda, Y. Kawanishi, S. Tsuzuki & M. Goto, *J. Org. Chem.*, **70**, 9755 (2005).
10) Y. Sonoda, M. Goto and K. Ichimura, *Photochem. Photobiol. Sci.*, **17**, 271 (2018).
11) A. Warshel, *Nature*, **260**, 679 (1976).
12) a) R. S. H. Liu, *Acc. Chem. Res.*, **34**, 555 (2001); b) R. S. H. Liu and G. S. Hammond, *Chem. Eur. J.*, **7**, 4537 (2001); c) L.-Y. Yang, R. S. H. Liu, K. J. Boarman, N. L. Wendt and J. Liu, *J. Am. Chem. Soc.*, **127**, 2404 (2005).
13) H. Trommsdorff, *Ann. Chem. Pharm.*, **11**, 190 (1834).
14) A. Natarajan, C. K. Tsai, S. I. Khan, P. McCarren, K. N. Houk and M. A. Garcia-Garibay, *J. Am. Chem. Soc.*, **129**, 9846 (2007).
15) K. Seki and M. Tachiya, *Chem. Phys. Lett.*, **495**, 218 (2010).

第13章
総括—紫外可視高次微分スペクトルを使ってみよう

1 はじめに

　紫外線から可視光波長領域での吸収スペクトルを測定する紫外可視分光光度計は身近な分光分析装置の一つであり，とりわけ光化学反応がかかわる研究には不可欠な装置である．水懸濁系サンプルを対象にすることが多い薬学，生化学，コスメティックスなどの分野を除くと，分光光度計に装備されている微分変換機能を利用して微分スペクトルを反応解析に活用する例はきわめて少ない．永らく光化学ならびに光機能材料もしくは光反応性材料の研究に携わってきたが，吸収スペクトルがもっとも活用される研究分野にもかかわらず，高次微分スペクトルを活用した研究に関する学術論文や学会発表に接した記憶がない．その背景には，以下の状況があるだろう．

　紫外可視分光分析については多くの教科書や参考書に分かりやすく記述されているが，第1章で記したように，これらの書籍から高次微分スペクトルの有用性を知ることはできない．測定した吸収スペクトルを分光光度計の機能を使って微分スペクトルに変換しようと思い立っても，スムージング条件の選択が難物として立ちふさがる．さらには，急増する微分ピークの数と，それぞれのピークの解釈に戸惑う．

　本書の目的は，4次以上の紫外可視高次微分スペクトルの具体例を通して，吸収スペクトルでは得られない新規な情報が得られることを示し，分光分析法としての特長と有用性を明示することである．その一方で，高次微分スペクトルの適用限界を示すことも重要である．本書が光化学反応挙動を解析対象とした理由は，光反応性材料に用いられる光化学反応は一般的に既知なので，光照射に伴う微分ピークの増減によってそれぞれのピークの同定が容易なためである．第二に，光散乱に起因するベースラインの乱れや発色団の会合体形成などに起因して，光反応性材料の光反応を実状態で吸収スペクトルのみで定量的に解析することは困難もしくは不

第13章　総括—紫外可視高次微分スペクトルを使ってみよう

可能なことが多いためである．本書では取り上げていないが，熱化学的なスペクトル変化にも適用できることはいうまでもない．

本章では，高次微分スペクトルの特長とそれを得るための手順を概説し，その Scope and Limitation について言及する．

2　紫外可視微分スペクトルの意義

紫外可視分光分析では π 電子系の振る舞いが対象とされ，分子を構成する原子間結合についての情報は得られない．したがって，紫外可視分光分析だけで分子構造を特定することはできない．それゆえ，紫外可視分光法の多くは，吸収スペクトル特性が明らかな π 電子系発色団を持つ既知物質を対象とし，極大波長（λ_{max}）での吸光度変化による対象物質の定性定量分析に用いられる．具体的には，化学反応に基づく発色団の吸収スペクトル変化によって反応の速度論解析が行われ，とりわけ，光照射による吸収スペクトル変化は，光化学反応を対象とする基礎，応用の幅広い分野で不可欠な情報となる．ただし，定量的に反応解析を行うためには，サンプルは高度に透明な媒体中での吸光度がおよそ 1 以下でなければならない．

光化学反応性の発色団を組み込んだ材料に光照射した結果として，分子構造変化が目的に合致する材料物性の変化をもたらすとき，その材料は光反応性材料あるいは光機能材料とも呼ばれる．光化学反応の学術的研究では，吸収スペクトル測定用サンプルは透明マトリックス中で希薄濃度として調製される．媒体自体による光の吸収や散乱が避けられないとき，定量的な分析あるいは解析は困難もしくは不可能となる．比較的透明性が高い媒体，たとえば，ポリマー薄膜であっても，光反応性発色団が局所的に高濃度で存在する場合には，会合体形成に伴う新たな吸収帯が出現し，定量的な解析が困難な場合も多い．さらには，材料マトリックスとの分子間相互作用により，吸収帯の幅広化も起こる．このため，光反応性材料あるいは光機能材料の場合には，吸収スペクトルによる定量分析ができず，他の分析法の補助的な役割に甘んじる場合は少なくない．

微分スペクトルの特長は，①吸収スペクトルでは可視化できない微小な吸光度の増減が顕在化される，②光散乱などのスペクトルバックグラウンドが消去される，③ Lambert-Beer 則が成り立つ，の三つに集約される．①により，吸収スペクトルでは見逃されがちな振動準位遷移の吸収帯や会合体の吸収帯が顕在化する．②により，目的とする発色団のスペクトル特性が抽出できる．③により，微分値を吸光度と同様に扱うことによって定量分析が可能となる．本書では，これらの特長を具体例によって示している．高次微分スペクトルは吸収スペクトルでは検知できない吸収帯を微分ピークとして顕在化し，そのピークの微分値を用いる定性・定量分析が可能であることを提示するためである．とくに，隣接する微分ピークの分離が良好となる 4 次以上の高次微分スペクトルはこの目的にかなっている．

第1章から第4章で微分スペクトルの基礎的な解説を行ったうえで，第5章ではその信頼性と再現性について言及した．第6章から第12章では，さまざまな系における光反応挙動の解析を例示し，微分スペクトルに特有な有用性を示した．次節以降に，高次微分スペクトルの実践的活用を念頭に置いた一般的な説明をする．

3 高次微分スペクトルへの変換手順

本シリーズでの微分スペクトルは，吸収スペクトルデータをデータ解析ソフトIgor Proを用いて微分変換し，ついで，Savizky-Golayスムージング処理を行っている．しかし，市販の分光光度計によって微分変換ならびにスムージング処理ができるので，所定の操作で任意の微分スペクトルをその場で得ることができる．そのような前提の基に，高次微分スペクトルに関する留意事項をまとめる．

3.1 吸収スペクトル測定

定量分析を目的とするときには，着眼する波長での吸光度をおよそ1以下に保つことはいうまでもない．一方，吸光度が少なくとも0.05程度までは，その波長における4次微分値あるいは8次微分値を定量分析に用いることができる（第5章参照）[1]．また，分析に用いる微分ピークの波長は吸収スペクトルでの吸収極大波長（λ_{max}）と一致しない．したがって，λ_{max}が1を大幅に超える吸収スペクトルであっても，分析に用いる微分ピークの波長における吸光度が1以下であれば，定量的な微分解析に用いることができる．

3.2 吸収スペクトルの微分変換

光化学反応の微分スペクトル解析では，筆者は4次微分スペクトルを基本とし，補助的な目的で2次ならびに8次微分スペクトルを用いる．4次微分スペクトルを主として用いる理由は，サブピークの分離が効果的に行われるからである．2次微分スペクトルは以下の2点で重要な役割を果たす．第一に，多くの場合，スムージング処理を施さずにサブピークがトラフとして認められる．第二に，2次微分スペクトルではサテライトピークがないので，4次以上の微分スペクトルでのサテライトピークを判別できる．第三に，2次微分スペクトルによってノイズの程度が分光光度計の種類によって異なることが判断できる[1]．分光光度計の光学系に由来する鋭いスパイクノイズが出現する場合には，そのノイズを重点的に考慮したスムージング条件の設定に資することができるし，こうした分光光度計の使用を避ける判断基準にもなる．8次微分スペクトルは，4次微分スペクトルでは分離が不十分あるいは不鮮明な微分ピークを分析対象とする場合に有用である．

第2章の図2.2に示したように，分光光度計を用いて，アントラセンのヘキサン溶液の吸収

第13章 総括—紫外可視高次微分スペクトルを使ってみよう

スペクトルを2次微分，4次微分ならびに8次微分変換し，それぞれのスペクトルの形状変化を実感することをお勧めする．アントラセンの高次微分スペクトルではスムージングせずに多くのサブピークが顕在化するからである[2]．なお，測定波長間隔は1 nmとする．

3.3 スムージング

吸収スペクトルを高次微分変換したスペクトルでは，複雑に林立した多数のピークがノイズに埋もれるために，そのままでは分析に利用できない．ここで不可欠な手順がSavizky-Golay法によるスムージングであり[2]，高次微分スペクトル活用の最初の壁である．その詳細については第4章第2節を参考にされたいが，実践的な手順を紹介する．本シリーズでのスムージングはIgor Proを用いて行っているが，上記したように，市販分光光度計のスムージング機能を使用すればよい．最適な多項式次数（以下，sで表わす）とデータポイント数（以下，pで表す）を選択し，スムージング処理を繰り返しつつスペクトル形状に大きな変化がないことを確認する．

次数sとして2または4があるが，$s = 4$の方がサブピークの幅が狭いシャープな形状となるとされるが，両者それぞれについて，以下に説明するpの値を用いたスムージングを行って比較したうえで選択することが望ましい．

データポイント数pはスムージングを行うデータ数であり，所定波長での点を中心としてその前後にm個の点からなる一つの組を意味する．つまり，$p = 1 + 2m$であり，フィルター幅あるいは微分ウインドーなどと呼ばれる．pの選択の際には，2つの要素を考慮する．その一つは，平均化すべきノイズの波長間隔（nm）であり，これを$\Delta\lambda_n$とする．第二が分析したい隣接ピークの波長間隔（nm）であり，これを$\Delta\lambda_v$とする．測定波長間隔が1 nmのとき，式(1)に合致するpを選択すればいい．スムージングでのsとして2または4を選択し，この条件で平滑なスペクトル形状になるまで繰り返す．

$$1 + 2 \times \Delta\lambda_v > p > 1 + 2 \times \Delta\lambda_n \tag{1}$$

実際の手順について，図13.1に示す2つの吸収帯からなるシミュレーションモデルを用いて説明する．図13.1aは2つの吸収帯からなる測定波長間隔が1 nmである吸収スペクトルだが，$S_0 \rightarrow S_1$吸収帯は半値幅（W）= 16 nm，$\Delta\lambda_v$ = 15 nmの4つの振動準位遷移吸収帯からなり，$S_0 \rightarrow S_2$吸収帯ではW = 7 nmの4つの振動準位遷移吸収帯が$\Delta\lambda_v$ = 6 nmで配置されている．吸収スペクトルはこれら振動準位遷移吸収帯の総和であり，これに吸光度± 0.001をランダムに足し上げてノイズを含む合成吸収スペクトルとしている．この合成吸収スペクトルを4次微分変換した結果が図13.1bである．$S_0 \rightarrow S_2$吸収帯では鋭い微分ピークが出現しているが，$S_0 \rightarrow S_1$吸収帯では振動準位遷移による微分ピークはノイズに埋もれている．この差異は，両者の波長領域における$dA/d\lambda$の大きさを反映している．

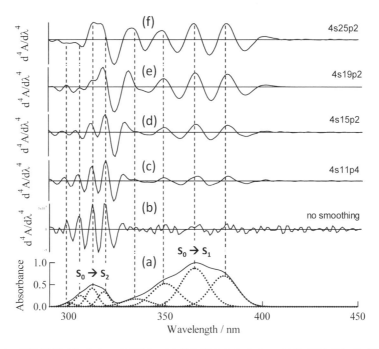

図 13.1 半値幅が異なる 4 つの下位レベル吸収帯からなる 2 つの電子遷移吸収帯（$S_0 \to S_1$ および $S_0 \to S_2$）の(a)合成吸収スペクトル，および，次数 $s = 2$ でデータポイント数 p を(b) 11，(c) 15，(d) 19，および(e) 25 としてスムージングを繰り返した時の 4 次微分スペクトル

　式(1)における p を選択するためには，ノイズの波長間隔 $\Delta\lambda_n$ の数値設定が必要である．そこで，吸収のない波長領域でのランダムなピーク群の中でもっとも波長間隔が大きな隣接ピークに着目する．たとえば，吸収端より長波長の 400 nm から 450 nm の領域に着目し，縦軸を拡大したノイズスペクトルを得る．これが図 13.2a である．隣接する 2 つのピークで波長間隔がもっとも大きな組み合わせに＊印を付したが，その波長間隔は 7 nm であり，これが $\Delta\lambda_n$ に相当する．したがって，$p > 1 + 2 \times 7 = 15$ でスムージングを行えばいいことになる．比較のために，$s = 4$ として，$p = 11, 13, 15$ および 19 でスムージングした結果を図 13.2b-e に示す．それぞれの条件で繰り返し回数が異なっており，そのスムージング条件は図 13.2b-e に示してある．たとえば，$s = 4$，$p = 11$ で 4 回繰り返した図 13.2b でのスムージング条件を筆者は 4s11p4 と記録する．図 13.2b や図 13.2c より図 13.2d や図 13.2e の方がベースラインによく一致しており，$p > 15$ に合致する．図 13.1 でも，4s11p4 より 4s15p2 の方が $S_0 \to S_1$ の微分ピークがスムーズとなっている．

　つぎに，$\Delta\lambda_v$ に関する第二条件を説明する．$S_0 \to S_2$ 吸収帯での $\Delta\lambda_v \approx 6$ nm なので，$S_0 \to S_2$ 吸収帯を分析対象とする際には，$p < 1 + 2 \times 6 = 13$ となる．一方，$S_0 \to S_1$ 吸収帯では $\Delta\lambda_v \approx 15$ nm だから，$p < 1 + 2 \times 15 = 31$ であり，p 値の選択の幅は格段に広い．このように，2 つ

第13章 総括—紫外可視高次微分スペクトルを使ってみよう

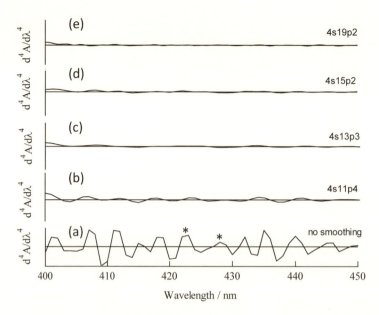

図 13.2 図 13.1 の合成スペクトルの長波長領域での(a) 4 次微分スペクトル，および，それを次数 $s=2$ でデータポイント数 p を(b) 11，(c) 13，(d) 15，および，(e) 19 にして 2 回スムージングを繰り返した時の長波長での 4 次微分スペクトル

の吸収帯での $\Delta\lambda_v$ の値は異なるので，全波長領域を同一の p 値でスムージングすると，$\Delta\lambda_v$ が小さなサブピークは変形あるいは融合する．その様子を示したのが図 13.1c から図 13.1f の結果である．図 3.1c は $p=11$ でのスムージングなので，その $S_0 \rightarrow S_2$ での各ピーク波長はスムージングしない各ピーク波長とほぼ一致している．その一方で，$S_0 \rightarrow S_1$ での微分ピーク形状は不鮮明のままである．一方，p 値が 15 以上では $S_0 \rightarrow S_1$ のスペクトル形状が良好となる一方で，$S_0 \rightarrow S_2$ での各ピーク波長にずれが生じている．したがって，$S_0 \rightarrow S_1$ の吸収帯を解析対象とするときには $p=15$ とし，$S_0 \rightarrow S_2$ の場合には $p=11$ とすればよい．

4 紫外可視高次微分スペクトルの特徴

紫外可視微分スペクトルの意義が総説として紹介されたのは 1978 年だが[3]，その独自性あるいは意義についての考察あるいは解説は乏しい．本シリーズでは，高次微分スペクトルによってさまざまな材料系での光反応挙動の新たな知見が得られるいくつかの実例を挙げているが，それらを踏まえて，この古くて新しい分光学的手法を見直す．

4.1 振動準位遷移に基づく吸収帯の顕在化

紫外可視吸収スペクトルでは，数個の幅広の電子準位遷移に基づく吸収帯が主たる関心の対

象であり，発色団の特徴付けが困難な場合が多い．光反応性化合物では光照射に伴う吸収帯の増減が引き起こされるが，反応解析に活用されるのは最長波長領域にある吸収帯が基本であり，短波長領域にある他の吸収帯は考慮外である．高次微分スペクトルでは，それぞれの吸収帯が下位レベルの遷移，とくに，振動準位遷移に対応する吸収帯が分離可能となるので，光照射に伴う個々の下位レベル吸収帯の変化の様子から，吸収スペクトルでは得難い多くの情報を得ることができる．したがって，測定波長領域全体にわたっての微分ピークが解析の対象となる．これが吸収スペクトルによる解析と本質的に異なる．

4.2 会合体の顕在化

光化学反応が材料物性の変化を誘起する光機能材料では，その感光性単位の濃度は基本的に高く，光反応性発色団は大なり小なり会合体を形成しうる．会合体に帰属される吸収帯の吸収波長，形状，さらには会合体形成の程度を予測することは困難であり，λ_{max}の長波長シフトあるいは短波長シフトという表現で済まされることが多い．波形分離の手法によって会合体の吸収帯を特定する報告があるが[4]，前提とする会合体の吸収波長を選択する妥当性に不確実性がある．その意味で，高次微分スペクトルによって，会合体の特定ならびにその光反応挙動が非会合体とは独立して解析できることは貴重である．

4.3 Lambert-Beer 則

微分スペクトルにおいても Lambert-Beer 則が成り立つことが定量分析の基本である．微分スペクトルでの微分値が，いわば，吸収スペクトルにおける吸光度に相当する．たとえば，光反応による高次微分スペクトルの一連の変化においては，着目するサブピークでの微分値の変化量によって光反応を定量的に追跡できる．吸光度に比べると微分値の精度は低いので，複数のサブピークでの変化での微分値の平均値に基づく議論が望ましい．当然のことだが，高次微分スペクトル解析は熱化学的な反応にも適用できる．

4.4 等微分点

微分スペクトルでは，振動準位遷移の吸収帯それぞれが凹凸形状を示すので，反応に伴う微分スペクトルの形状変化は見かけ上とても複雑である．その様相の一例を図13.3に示す．4つの振動準位遷移の吸収帯から構成される2つの合成スペクトルにおいて（図13.3a），その比率を変化させたときの吸収スペクトル変化が図13.3bであり，等吸収点が一つ発生する．これを4次微分スペクトルに変換すると，図13.3cに見るように，多くの等微分点が発生する．つまり，A → B で表現される単一の反応に基づく微分スペクトル変化では，多数の等微分点が発生し，その反応が単一であることが明快に示される．

吸収スペクトル変化での等吸収点は反応の単一性を示す根拠として広く用いられているが，

第13章 総括—紫外可視高次微分スペクトルを使ってみよう

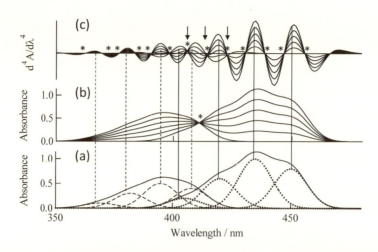

図13.3 4つの振動準位遷移吸収帯（点線）からなる2つの吸収帯の(a)合成吸収スペクトル（実線），(b)両者の比を変えた吸収スペクトル変化，および，(c)その4次微分スペクトル変化
＊印は等吸収点および等微分点を示す．

等吸収点は反応の単一性に関する必要条件ではあるが，十分条件ではない[5]．実際に，筆者は等吸収点がかならずしも反応の単一性を示すのではないことをはじめて報告した[6]．スペクトル領域全体にわたって多くの等微分点が存在することは，反応の単一性を検証する重要な判断基準となる．

図13.3cを注意深く眺めると，2つの合成スペクトルが重なる波長領域での矢印でマークした等微分点はゼロ線からずれている．これは，2つの吸収帯が重なるためである．言い換えると，特定の微分ピークの両側での等吸収点がゼロ線に一致する場合には，その波長領域でのスペクトル変化は一方の化合物のみの濃度変化に対応する．したがって，こうした条件を満たす場合には，該当する微分ピークの微分値によって反応率が求められる．

4.5 光散乱系への適用

透明性が確保された光反応性サンプルは意外に少なく，多くの光反応性材料では，相分離，コロイド分散，微粒子分散などによって大なり小なり光散乱を伴う．光散乱によるバックグランドによって定量的な反応解析ができない光反応性材料の例は非常に多い．吸収スペクトルを微分変換することによってバックグラウンドが消去できることは，高次微分スペクトルが最も力量を発揮する特徴であり，光散乱を伴う光反応性材料の反応解析にきわめて有効である．本書では，エマルジョン塗膜や微結晶の水分散液および薄膜に高次微分スペクトルを適用する例を通して，その有用性を具体的に示した．

4.6 偏光光化学反応の解析と液晶光配向への応用

光反応性ポリマーフィルムに偏光照射や斜め光照射を施すと，光学異方性が発現する．光学異方性の指標である二色性は，相互に偏光面が直交する測定光を用いて得た2種の偏光吸収スペクトルの差によって評価される．この2種の偏光吸収スペクトルをそれぞれ高次微分変換し，直交する偏光微分スペクトルでの吸光度の差を二色性パラメーターとして波長に対してプロットすれば，発色団の光配向挙動を個別に評価できる．具体例が第8章で取り上げた液晶性アゾベンゼンポリマーの解析である．希薄溶液とポリマーフィルムそれぞれに直線偏光照射したときの高次微分スペクトル変化を比較することにより，会合体の同定ならびにその光配向能が評価可能となる．

第7章における高次微分スペクトル解析のように，吸収スペクトルでは無視される短波長領域での光二量体に帰属されるベンゼノイド吸収帯が微分ピークとして分離解析できる．このため，たとえばシンナメート系ポリマーにおいて光異性化反応と光二量化反応をそれぞれ別個に追跡可能である[7]．したがって，これらの薄膜に偏光照射したときの高次微分スペクトル変化によってそれぞれを個別に検出できるので，液晶光配向膜に用いられる他の光反応性発色団についても高次微分偏光スペクトルによって有益な情報が得られる．

5 高次微分スペクトルにおける留意事項

5.1 微分スペクトルの精度

高次微分スペクトルでの分析が効果的な対象は，主として振動準位遷移に対応する半値幅が狭いサブレベル吸収帯である．また，会合体による吸収帯は半値幅が広いが，非会合体のモデル化合物と比較することによって，会合体の解析が効果的となる．一方，微分スペクトルの精度は $dA/d\lambda$ の値の大小によって決まる．そのため，半値幅が大きい幅広の電子遷移吸収帯の微分スペクトルでは $dA/d\lambda$ が相対的に矮小化されるので，ノイズが大きすぎて分析が困難，あるいは，実質的にゼロ線に一致して分析対象にならない．また，測定波長領域が長波長になればなるほど，n 次微分スペクトルにおける $d^n A/d\lambda^n$ の値は小さくなって精度が下がることにも留意を要する．

5.2 データポイント数の選択

波長に対してプロットされる吸収スペクトルでは，振動準位遷移に基づく吸収帯の間隔はエネルギー単位に対応していない．このため，吸収スペクトル全領域を同一の p 値でスムージングするのではなく，分析対象として選択した吸収帯に適した p 値を選択することが必須となる．

6 まとめ

　本書で取り上げた光化学反応は限定的であり，さらなるデータの積み上げが不可欠である．しかし，従来の吸収スペクトルでは得られない光反応性材料の光反応挙動に関する多くの知見が得られることは例示できたと思う．以下に，さまざまな材料系での光反応挙動に関する高次微分スペクトルの特長と有用性をまとめる．

① 光照射に伴う微分ピークの増減によって出発物および反応物のピーク特定が可能である．
② 微分スペクトルにおいても加成性と Lambert-Beer 則が成立するので，光照射に伴う微分値変化から定量的な動力学的考察が可能である．
③ 主として振動準位遷移による吸収帯に対応する多様な微分ピークの変化が活用できる．
④ 会合体のような新たな吸収帯が顕在化できる．
⑤ 吸収波長領域全体にわたる微分ピーク変化がスペクトル解析の対象となる．
⑥ 分散系などの光散乱サンプルの光反応挙動を定量的に解析できる．
⑦ 偏光照射で発現する二色性の波長依存性スペクトルを高次微分変換することによって，光配向挙動を発色団ごとに評価できる．

　これらは，吸収スペクトル法では困難もしくは不可能なアプローチが可能であることを意味する．ただし，半値幅が臨界値より大きな吸収帯は微分ピークとして検出できないという限界はある．これらを踏まえた上で，測定された吸収スペクトル変化をベースに当該サンプルの光化学反応挙動を解析する手順を図 13.4 のようにまとめる．高次微分スペクトルが光機能材料を含む機能性有機材料の研究[8]に活用されることを期待したい．

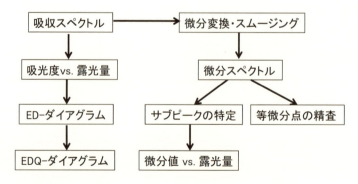

図 13.4　光照射サンプルの UV-VIS スペクトル解析フロー

〈文　献〉

1) K. Ichimura, *Bull. Chem. Soc. Jpn.*, **90**, 411 (2017).
2) K. Ichimura, *Bull. Chem. Soc. Jpn.*, **89**, 549 (2016).
3) G. Talsky, L. Mayring and H. Kreuzer, *Angew. Chem. Intl. Ed.*, **17**, 785 (1978).
4) a) H. Menzel, B. Weichart, A. Schmidt, S. Paul, W. Knoll, J. Stumpe and T. Fischer, *Langmuir*, **10**, 1926 (1994); b) X. Tong, L. Cui and Y. Zhao, *Macromolecules*, **37**, 3101 (2004).
5) a) G. D. Christian, P. H. Dasgupta and H. A. Schug, "*Analytical Chemistry, 7th ed.*," Wiley, New York, 2013, pp. 528-529; b) 今任・角田監訳,「クリスチャン分析化学II. 原書7版　機器分析編」, 丸善出版 (2017), pp.53-54.
6) K. Ichimura, *Chem. Lett.*, **47**, 1247 (2018).
7) 市村ら, 未発表.
8) 原田, 樋口,「有機機能性材料化学」, 三共出版 (2018).

索　引

【英数他】

1次微分スペクトル …………………… 6
2次微分スペクトル ……………………51
2成分系 ……………………………………33
3次微分スペクトル …………………… 6
4次微分スペクトル ……………………53
8次微分スペクトル ……………………55
BPM機構 ……………………………… 159
cis 体 ……………………………………59
dendritic ……………………………………71
EDQ ダイアグラム ……………………81
ED ダイアグラム ………………………65
EEE 体 ………………………………… 163
E-ダイアグラム …………………………66
h-t（頭-尾）型 …………………………72
ＨＴ機構 ……………………………… 160
H-会合体 …………………………………82
J-会合体 …………………………………71
Kubelka-Munk 変換 ………………… 125
Lambert-Beer 則 ………………………22
linear ………………………………………69
n, π^*-遷移 ………………………… 133
PVA コイル …………………………… 130
$S_0 \to S_1$ 吸収帯 ……………………43
$S_0 \to S_2$ 吸収帯 ……………………43
Savizky-Golay 法 …………………39, 82
terminal ……………………………………71
$trans$ 体 …………………………………59
Weigert 効果 ………………………… 103
X線構造解析 ………………………… 161
ZEZ 体 ……………………………… 163
π, π^*-遷移 ……………………… 133
π電子系発色団 ……………………… 125

【ア】

アゾベンゼン …………………………23, 93
アントラキノン ……………………… 149
アントラセン ……………………………17
イソプロピルチオキサントン ………10
一次反応プロット …………………… 148
液晶性アゾベンゼンポリマー ………99
エマルジョン感材 …………………… 118
エマルジョン薄膜 …………………… 117
オプシン ……………………………… 155
重みつき移動平均法 ……………………39

【カ】

回折格子 …………………………………50
回転異性体 ………………………………21
回転準位遷移 ……………………………21
ガウス関数 ………………………………28
架橋点間距離 ……………………………90
拡散反射スペクトル ……………………49
加成性 ……………………………………22
片道光異性化反応 …………………… 158
環化付加反応 ………………………… 155
乾式シリカ …………………………… 140
乾式ビーズミリング ………………… 139

干渉	40	固相光化学反応	125
感度曲線	88	固相ドーピング	149
幾何光異性化反応	155	固相光異性化反応	130
奇次数	5	固体光化学	137
擬水溶液化	152	混濁溶液	2
基底状態	16	コンフォーメーション	116
基本吸収帯	33		
吸光度	22	【サ】	
吸光度差	66	再現性	50
吸収極大波長	57	最大波長間隔	42
極性変化	96	最大微分強度	7
許容遷移	16	再沈法	126
キラルポケット	120	最表面層	137
偶次数	5	サテライトピーク	6
繰り返し処理	59	サブピーク波長	34
クリスタルバイオレットラクトン	140	参照スペクトル	39
桂皮酸	63	サントニン	166
桂皮酸エチル	24	ジアリールエテン	119
結晶格子	150	紫外可視吸収スペクトル	1
結晶シェル層	142	シクロブタン型光二量体	84
結晶光異性化プロセス	146	シクロブタン環	85
血清アルブミン	120	ジチエニルエテン	119
ゲル分率	88	湿式シリカ	140
原子間力顕微鏡観察	166	ジフェニルヘキサトリエン	156
コアシェル型ナノハイブリッド粉体	143	ジフェニルマレオニトリル	119
光源切り替え	56	ジプロポキシアントラセン	18
高次微分変換シミュレーション	38	ジメチロールプロピオン酸	64
合成振動準位遷移吸収帯	37	4-ジメチルアミノアゾベンゼン	130
合成スペクトル	39	自由体積	115
高粘度液体	2	シングルナノサイズ	143
高分岐ポリエステルポリオール	69	シングルビーム方式	50
高分岐ポリシンナメート	64	シングルモノクロメーター型	50
光路長	22	振電遷移	16
固相一次反応	150	振電相互作用	21

振動準位	15	データポイント数	82
振動準位遷移	9	テトラセン	18
振動準位遷移吸収帯	28	添加物分析	2
シンナメート会合体	73	電子エネルギー準位遷移	3
シンナメート基	63	デンドリティック構造	71
水性エマルジョン	117	デンドリマー	69
水性ゲル	78	等吸収点	23
垂直モニター光	104	動的光散乱法	113
スキャンスピード	49	等微分点	23
スチルバゾリウム	77	動力学的解析	139
スペクトルシミュレーション	33		
スムージング	82	【ナ】	
スムージング条件の設定	52	内部フィルター効果	167
スリット幅	49	斜め光照射	103
ゼロ線	67	斜め非偏光照射	100
潜在性吸収帯	20	ナノハイブリッド化法	139
増感光酸発生メカニズム	149	二色性発現	103
双極子相互作用	114	二色比	103
双極子モーメント	130	ネガ型フォトポリマー	90
測定波長間隔	49	熱異性化反応	131
測定方式	50		
		【ハ】	
【タ】		白濁状態	117
多項式次数	40	バクテリオロドプシン	155
ダブルビーム方式	50	波形分離	107
ダブルモノクロメーター型	50	波長間隔	9
短波長領域	46	バックグラウンド	112
逐次反応	80	バルク結晶	137
超音波処理	144	半値幅	9
長波長シフト	64	ピーク分離	42
長波長領域	46	ビーズミリング法	126
直線偏光照射	103	非会合状態	73
チルト配向	103	非会合シンナメート	73
データ解析ソフト	51	光異性化反応	59, 74

光異性化率……………………25
光エネルギー移動………………149
光応答性液晶ポリマー……………100
光開環構造………………………120
光架橋型フォトポリマー…………77
光架橋性PVA……………………77
光再配向…………………………105
光酸化反応………………………47
光酸発生剤………………………149
光酸発生反応……………………149
光定常状態……………………67, 95
光電子移動系……………………149
光二量化前駆体…………………86
光二量化反応……………………74
光反応性発色団…………………1
光反応性有機結晶………………139
光反応量子収率…………………67
光閉環体…………………………121
微結晶薄膜層……………………161
微細構造…………………………28
非破壊的解析……………………111
微分ウインドー…………………40
微分ピーク変化量………………129
微分変換機能……………………169
微分変換スペクトル……………5
表面レリーフグレーティング……96
貧溶媒……………………………112
フィルター幅……………………40
フォトクロミック単結晶…………149
フォトクロミック反応……………119
フォトダイオードアレー分光光度計……50
フランク・コンドン原理…………15
分散安定剤………………………139
分子結晶…………………………137

分子体積…………………………106
分子平面性………………………158
粉末X線回折……………………142
ヘキサトリエン系………………155
ペリレン…………………………20
偏向吸収スペクトル……………106
偏光光化学反応…………………177
ベンゼノイド吸収………………82
ベンゼノイド微分ピーク………84
ポリ桂皮酸ビニル………………63
ホルミルスチルバゾリウム塩……50

【マ】

ミー散乱…………………………10
ミリング分散液…………………126
モル吸光係数……………………22

【ヤ】

有機無機ハイブリッド微粒子……140
遊星型分散機……………………126
ゆらぎ……………………………116
溶媒和効果………………………18

【ラ】

ラングミュア型単分子膜吸着……141
良溶媒……………………………112
励起一重項状態…………………149
励起子移動………………………149
レイリー散乱……………………10
レチナール………………………155
ロドプシン………………………155

市村國宏（Kunihiro Ichimura）

【略歴】
1968年3月 東京工業大学 博士課程修了後，工業技術院 繊維高分子材料研究所（現・産業技術総合研究所）で研究室長，研究企画官，研究部長を経て，1991年より東京工業大学 資源化学研究所 教授，2001年3月に定年退職，名誉教授。2001年より創案ラボ。2001年より2004年まで東京理科大学 総合研究所 嘱託・非常勤教授。2004年より2011年まで東邦大学 理学部 特任教授。2011年より株式会社ムラカミ非常勤役員。

【専門】
光機能材料化学，界面化学，液晶材料化学

微分変換で読み解く紫外可視吸収スペクトル
―光反応性材料の新しい挙動解析法―

2019年8月2日　第1刷発行

著　者	市村國宏	(B1314)
発行者	辻　賢司	
発行所	株式会社シーエムシー出版	
	東京都千代田区神田錦町1-17-1	
	電話 03(3293)7066	
	大阪市中央区内平野町1-3-12	
	電話 06(4794)8234	
	https://www.cmcbooks.co.jp/	
編集担当	池田識人／町田　博	

〔印刷　倉敷印刷株式会社〕　　　　　　Ⓒ K. Ichimura, 2019

落丁・乱丁本はお取替えいたします。

本書の内容の一部あるいは全部を無断で複写（コピー）することは，法律で認められた場合を除き，著作者および出版社の権利の侵害になります。

ISBN978-4-7813-1416-7　C3043　¥5000E